Yaser Kamgar

Modelowanie geoelektryczne (oporność) ubytków o różnych tablicach

Yaser Kamgar

Modelowanie geoelektryczne (oporność) ubytków o różnych tablicach

Wydawnictwo Bezkresy Wiedzy

Imprint

Cover image: www.ingimage.com

Publisher:
Wydawnictwo Bezkresy Wiedzy
is a trademark of
International Book Market Service Ltd., member of OmniScriptum Publishing Group
17 Meldrum Street, Beau Bassin 71504, Mauritius

Printed at: see last page
ISBN: 978-620-0-54811-5

Modelowanie geoelektryczne (rezystywność) qanatu Amirabad z tablicami Schlumbergera, Wennera i Dipola-Dipola oraz ich porównanie

Napisany przez

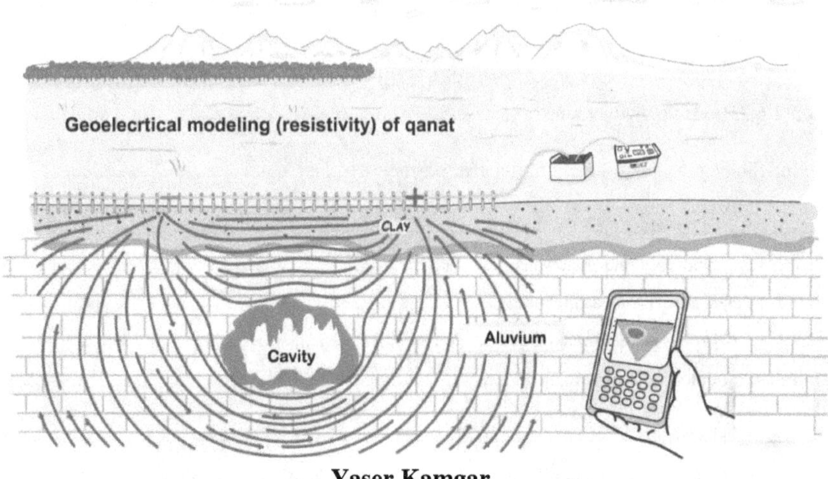

Yaser Kamgar

Spis treści

Streszczenie

Wynikom stosowania metod geoelektrycznych można zaufać, gdy zostaną one sprawdzone podczas wiercenia i mogą być stosowane w modelu, który może zmniejszyć budżet projektu i może być stosowany w obszarach o takiej samej strukturze elektrycznej.

Nic nie wpływa na parametry elektryczne obszaru i wybór odpowiedniej macierzy geoelektrycznej może spowodować, że wynik będzie bardziej dokładny.

W tej tezie Amirabad qanat modelowany z opornością. Modelowanie poziomego cylindrycznego otworu, który wypełnił się w znacznym stopniu powietrzem i odrobiną wody, a także modelowanie strefy dwufazowej, w skład której wchodzi strefa nasycona i nienasycona, która może być modelem standardowym na podstawie informacji znalezionych w studniach. Ostatnio omówiono najlepszy układ, jaki zastosowano.

rozdział 1

1.1. Wstępne wprowadzenie

Aby modelować każdą podziemną strukturę, konieczna jest znajomość zasad i efektywnych relacji przy jej tworzeniu. Pierwszym krokiem może być znajomość zmiennych, które mają wpływ na pomiar wszelkich właściwości fizycznych ziemi. Rezystywność elektryczna jest właściwością fizyczną, która, przy szerokim spektrum zastosowań, może być wykorzystana do wykrywania anomalii, które są dość różne od tła. Metoda geoelektryczna jest jedną z technik geofizycznych badań ziemi, które wykorzystują te właściwości fizyczne. Innymi słowy, są to metody geofizyki gruntowej wykorzystywane do identyfikacji i skutecznego mapowania stref osiadania gruntu, pustek, ubytków i krasu. Metody te są zazwyczaj przydatne do badania wód gruntowych, odwiertów, uskoków i są szeroko stosowane w badaniach terenowych, takich jak zapory, tunele, drogi i inne obiekty. Ponadto, badania elektrooporowe są wykorzystywane do generowania podpowierzchniowych modeli do badań hydrogeologicznych i mogą odgrywać krytyczną rolę w optymalizacji wierceń.

1.2. Odporność na skały i minerały

W naturze największym zakresem wartości dla wszystkich właściwości fizycznych jest oporność rodzimego srebra i czystej siarki:

Natywne srebro = 1,6 × 10-8Ohm-m (najmniej odporny)

Czysta siarka = 1016Ohm-m (najbardziej oporna)

Odporność różnych skał i minerałów przedstawiono w tabeli 1:

Tabela 1- 1. Odporność różnych skał i minerałów

Table 1 Resistivities of some rocks and minerals

Rocks, minerals, ores	Resistivity (ohm-m)		
Sediments		*Minerals and ores*	
chalk	50–150*	silver	1.6×10^{-8}
clay	1–100	graphite, massive ore	10^{-4}–10^{-3}
gravel	100–5000	galena (PbS)	10^{-3}–10^{2}
limestone	50–10^{7}	magnetite ore	1–10^{5}
marl	1–100	sphalerite (ZnS)	10^{3}–10^{6}
quartzite	10–10^{8}	pyrite	1 × 100
shale	10–1000	chalcopyrite	1×10^{-5}– 0.3
sand	500–5000	quartz	10^{10}–2×10^{14}
sandstone	1–10^{8}	rock salt	10–10^{13}
Igneous and metamorphic rocks		*Waters and effect of water and salt content*	
basalt	10–10^{7}	pure water	1×10^{6}
gabbro	1000–10^{6}	natural waters	1–10^{3}
granite	100–10^{6}	sea water	0.2
marble	100–10^{8}	20% salt	5×10^{-2}
schist	10–10^{4}	granite, 0% water	10^{10}
slate	100–10^{7}	granite, 0.19% water	1×10^{6}
		granite, 0.31% water	4×10^{3}

*Values or ranges, which have come from several sources, are only approximate.

1.3. Skuteczny parametr dotyczący rezystywności

Oporność zależy od różnych parametrów geologicznych, takich jak rodzaj minerału, stopień nasycenia, porowatość, przewodność wody, temperatura i tekstura skał według teorii fizykochemicznej, rodzaj minerału, porowatość, zawartość gliny, zasolenie wody, rodzaj soli i wielkość ubytków. Na rysunku 1 przedstawiono oporność gliny, piasku i niektórych innych gleb w zależności od zawartości soli w wodzie (20 °C).

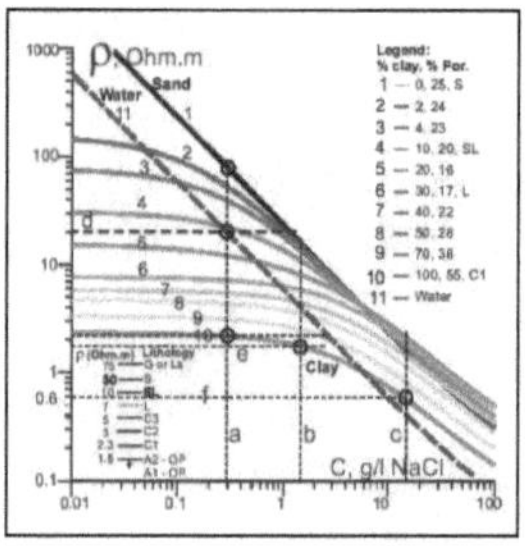

Rysunek 1- 1. Odwrotna zależność między opornością gleby a zasoleniem wody

1.4. Typowy pomiar rezystywności

System oporności elektrycznej składa się zasadniczo z nadajnika i odbiornika. Nadajnik dostarcza niską częstotliwość (zazwyczaj 0,125 do 1 cykli/s lub herców) fali prądowej lub prądu stałego, który jest przyłożony w poprzek elektrod prądowych. Wykorzystuje on sztuczne źródło, które jest wprowadzane do ziemi przez parę elektrod. Procedura obejmuje pomiar różnicy potencjałów pomiędzy dwoma innymi elektrodami w pobliżu przepływu prądu.

Oporność pozorna jest obliczana na podstawie różnicy potencjałów do interpretacji. Elektrody, za pomocą których prąd jest wprowadzany do masy, nazywane są elektrodami prądowymi, a elektrody, pomiędzy którymi mierzona jest różnica potencjałów, nazywane są elektrodami potencjałowymi (rysunek 2).

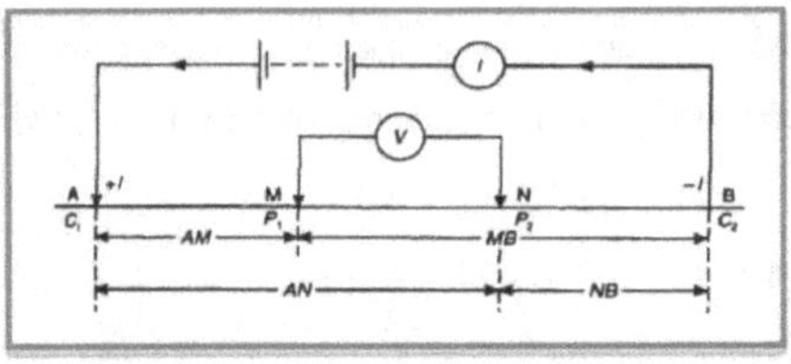

Rysunek 1- 2. A, B są elektrodami prądowymi, a M, N są elektrodami potencjałowymi.

Potencjał w M,

$$V_1 = \frac{\rho_a . I}{2\pi}\left(\frac{1}{AM} - \frac{1}{MB}\right)$$

Potencjał w N,

$$V_2 = \frac{\rho_a . I}{2\pi}\left(\frac{1}{AN} - \frac{1}{NB}\right)$$

Potencjalna różnica między M i N,

$$\Delta V = \frac{\rho_a . I}{2\pi}\left\{\left(\frac{1}{AM} - \frac{1}{MB}\right) - \left(\frac{1}{AN} - \frac{1}{NB}\right)\right\}$$

$$\rho_a = \left\{\frac{2\pi}{\left(\frac{1}{AM} - \frac{1}{MB}\right) - \left(\frac{1}{AN} - \frac{1}{NB}\right)}\right\} . \frac{\Delta V}{I}$$

$$\rho_a = K . \frac{\Delta V}{I}$$

gdzie K jest współczynnikiem geometrycznym zależnym od rozmieszczenia czterech elektrod A, B, M i N. Elektrody prądowe A, B i elektrody potencjałowe M i N mogą być umieszczone w polu na powierzchni gleby lub w otworach wiertniczych.

1.5. Projektowanie badań, procedura i zapewnienie jakości

Projekt badania zależy od specyfiki terenu i celu badania. Trzy najczęstsze sposoby badania oporności elektrycznej to profilowanie, sondowanie i profilowanie dźwiękowe, przy czym każdy z nich ma swój własny, specyficzny cel. Jeśli celem badania jest odwzorowanie głębokości i grubości jednostek stratygraficznych, wówczas dane o oporności elektrycznej powinny być zbierane w trybie sondowania. Boczne kontrasty oporności elektrycznej, takie jak styki litologiczne, można najlepiej odwzorować w trybie profilowania. W przypadkach, gdy oczekuje się, że oporność elektryczna będzie się zmieniać zarówno w pionie, jak i w poziomie, np. w przypadku mapowania smug zanieczyszczeń, preferowanym trybem jest profilowanie dźwiękowe.

1.6. 1.6. Badania jedno- i dwuwymiarowe

1.6.1. 1.6.1. Badanie jednowymiarowe

Jednowymiarowe tablice wykorzystujące czteroelektrodowe ogniwa A, B, M, N są powszechnie stosowane w laboratorium do kalibracji oporności elektrycznej, a w polu do pionowego sondowania elektrycznego (**VES**). Istotą VES jest rozszerzanie elektrod ze stałego środka. Badania rezystywności zwykle nie mają na celu określenia rezystywności jakiejś jednolitej skały. Mają one na celu określenie "oporności pozornej" kilku poziomych warstw o różnej oporności. W trybie VES do badania oporności głębszej warstwy musi ona zwiększać odległość między elektrodami. Ten ostatni polega na pomiarach elektrycznych, gdzie odległości między elektrodami są sukcesywnie zwiększane. Na każdym kroku zwiększa się głębokość i objętość badanego gruntu, a pomiar pokazuje zmianę rezystywności warstw wraz z głębokością, bez uwzględniania zmiany poziomej.

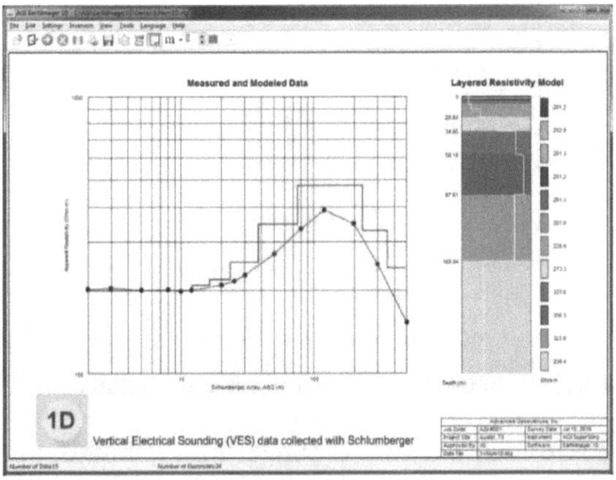

Rysunek 1- 3. Modelowanie jednego D w pionowym sondowaniu elektrycznym (VES) z matrycą Schlumbergera

1.6.2. 1.6.2. Badanie dwuwymiarowe

Dwuwymiarowe, wieloelektrodowe tablice zapewniają dwuwymiarowy, pionowy obraz medium dźwiękowego. Elektrody prądowe i potencjałowe są utrzymywane w regularnej, stałej odległości od siebie i są stopniowo przesuwane wzdłuż linii na powierzchni. Na każdym kroku rejestrowany jest jeden pomiar. Zestaw wszystkich tych pomiarów przy tym pierwszym odstępie między elektrodami daje profil wartości oporności. Następnie zwiększa się odstęp między elektrodami o współczynnik n = 2 i wykonuje się drugą linię pomiarową. Proces ten (zwiększenie współczynnika n) jest powtarzany aż do osiągnięcia maksymalnego odstępu między elektrodami. Można zauważyć, że im większe są wartości n, tym większa jest głębokość badania (Rys. 4). Ponieważ rozkład prądu zależy również od kontrastów oporności ośrodka, głębokość badania wynikająca z rozstawu jest nazywana "pseudogłębokością". Dane są następnie układane w dwuwymiarowy wykres "pseudo-przekrój", który daje jednoczesne wyświetlanie zarówno poziomych jak i pionowych różnic oporności.

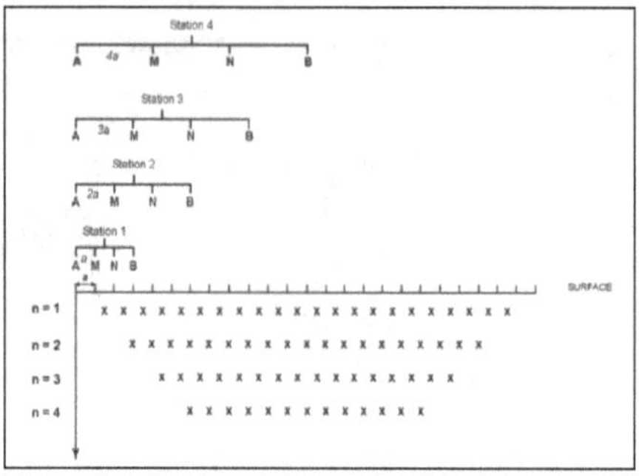

Rysunek 1- 4. Ustalenie pseudo-sekcji oporności elektrycznej 2D

Konwencjonalna reprezentacja graficzna, umieszcza każdą zmierzoną wartość na przecięciu dwóch linii 45° przez środki poczwórnej. Każda pozioma linia jest następnie kojarzona z określoną wartością n i daje pseudo-głębokość badania. W zależności od odpowiedniego położenia elektrod potencjałowych i elektrod prądowych, można zdefiniować kilka konfiguracji tablicowych: Wenner, Wenner-Schlumberger, tablice dipolowo-polowe lub dipolowo-polowe są najczęściej stosowane (Tabela 2).

Tabela 1- 2 Przykładowa konfiguracja liniowego układu elektrod 2D i urządzenia do elektrod 3D.

		Electrodes array	K
2D	Wenner	A ↔ M ↔ N ↔ B (a, a, a)	$2\pi a$
	Wenner-Schlumberger	A ↔ M ↔ N ↔ B (na, a, na)	$\pi n(n+1)a$
	Dipole-Dipole	A ↔ B ↔ M ↔ N (a, na, a)	$\pi n(n+1)(n+2)a$
	Pole-Pole	B ↔ A ↔ M ↔ N (x, a, x)	$2\pi a$
	Pole-Dipole *Forward*	A ↔ M ↔ N (na, a)	$2\pi n(n+1)a$
	Reversed	M ↔ N ↔ A (na, a)	
3D	Square	A ↔ B, A ↔ M, B ↔ N, M ↔ N (a)	$\frac{2\pi a}{2-\sqrt{2}}$

A and B current electrodes, M and N potential electrodes
a spacing between electrodes used in a particular measurement
n: spacing factor (integer values 1-6)
x: distance to "infinite electrodes" in pole-pole array

Ta ostatnia konfiguracja jest tablicą asymetryczną, w której pod uwagę brane są dwa kierunki (do przodu i do tyłu). W zależności od konfiguracji macierzy, współczynnik geometryczny K jest różny; konfiguracja macierzy ma znaczący wpływ na rozdzielczość, czułość i głębokość badania. Tabela 3 zawiera podsumowanie dla różnych konfiguracji macierzy 2D i porównuje następujące cechy dla wszystkich macierzy: (i) czułość układu na poziomą i pionową niejednorodność, (ii) głębokość badania, (iii) poziome pokrycie danymi oraz (iv) siła sygnału. Różne orientacje niejednorodności mogą być pionowe dla niejednorodności takich jak groble, wgłębienia, przepływ preferencyjny lub poziome, takie jak warstwy osadowe. Głębokość badania jest określana dla gruntu jednorodnego, ale daje a priori wskazówkę co do głębokości badania w gruncie niejednorodnym. Pokrycie danych poziomych jest związane z konfiguracją układu elektrod. **Siła sygnału jest związana ze** wspólnym sygnałem-odpowiedzią na pomiar. Jest ona odwrotnie proporcjonalna do współczynnika geometrycznego K i jest ważnym czynnikiem, jeśli badanie jest przeprowadzane w obszarach o **wysokim poziomie szumu tła**. Wszystkie różne typy macierzy mają specyficzne zalety i ograniczenia. Wybór konfiguracji matrycy zależy wówczas od rodzaju niejednorodności, którą należy odwzorować, a także od poziomu szumu tła. podkreślono, że w szczególnych przypadkach zastosowanie wielu konfiguracji może zwiększyć szanse na odczytanie różnych cech podpowierzchni i prowadzi do lepszej interpretacji.

Tabela 1- 3. Charakterystyka różnych typów konfiguracji tablic 2D

Characteristics of different 2D arrays configurations types

	Wenner	Wenner–Schlumberger	Dipole–dipole	Pole–pole	Pole–dipole
Sensitivity of the array horizontal structures	++++	++	+	++	++
Sensitivity of the array vertical structures	+	++	++++	++	+
Depth of investigation	+	++	+++	++++	+++
Horizontal data coverage	+	++	+++	++++	+++
Signal Strength	++++	+++	+	++++	++

The labels are classified form (+) to (++++), equivalent at poor sensitivity to high sensitivity for the different array configurations.

1.7. Interpretacja zmienności oporności elektrycznej

1.7.1. Pozorna oporność

Gdy ośrodek jest jednorodny, oporność obliczona za pomocą np. 5 ($\rho_a = K.\frac{\Delta V}{I}$) jest stała i niezależna od rozstawu elektrod i położenia powierzchni. Gdy w podłożu występują niejednorodności, rezystywność zmienia się w zależności od względnego położenia elektrod. Obliczona rezystywność jest wtedy znana jako rezystywność "pozorna". Ta ostatnia umożliwia jakościowe oszacowanie parametrów elektrycznych ośrodka, ale nie daje prawdziwej rezystywności i kształtów anomalii. Każde pozyskanie danych odpowiada pomiarowi objętościowemu i stanowi informację jakościową, która jest wykreślona na tle pseudogłębokości. Tak więc, pozorne wartości rezystywności w pseudo-sekcji zniekształcają rzeczywisty obraz modelu podpowierzchniowego i są ściśle zależne od rodzaju konfiguracji układu elektrod. Dla danego badania, wynikowy rozkład oporności pozornej zależy od czułości układu elektrod. Na przykład, pionowa oporna niejednorodność w jednorodnym ośrodku wykazuje pseudo-sekcję o odwróconym kształcie litery V o większych wartościach rezystywności, a także o mniejszych wartościach rezystywności w przypadku rejestracji w układzie dipol-dipol. I odwrotnie, gdy ta sama próbka jest mierzona przy użyciu matrycy Wennera, pseudo-sekcja ma odwrócony kształt litery V o mniejszych wartościach rezystywności i wyższych wartościach rezystywności w miejscu odpornego korpusu (Rys.1-5). Porównanie pseudo-sekcji oporności pozornej jest więc możliwe tylko dla danej konfiguracji układu elektrod. W celu ograniczenia błędnej interpretacji wynikającej z reprezentacji graficznej, w jeden sposób ma ona przesuwać punkty danych zgodnie z wcześniejszą znajomością brzmiącego ciała, w inny sposób ma ona wykorzystywać proces filtrowania. Niemniej jednak, porównania pomiędzy badaniami wykonywanymi za pomocą różnych tablic są możliwe, jeśli jesteśmy w stanie przypisać "rzeczywistą" wartość rezystywności do każdego punktu w obszarze badania. Następnie możemy obliczyć tę "rzeczywistą" wartość rezystywności za pomocą programu **inwersyjnego.**

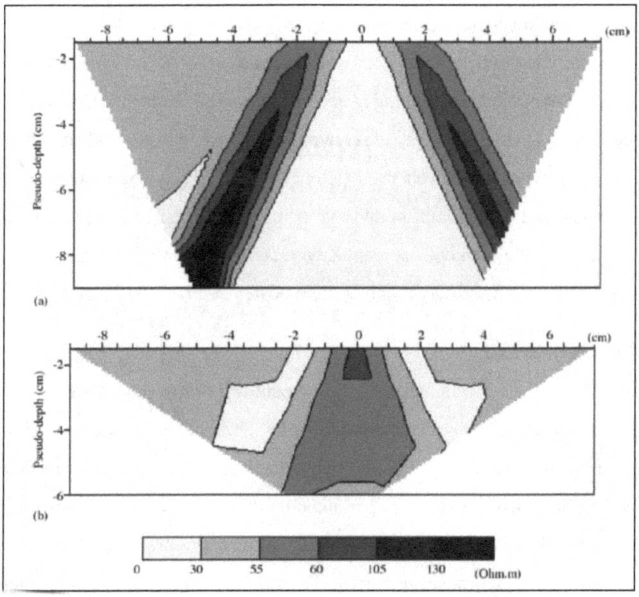

Rysunek 1- 5. Wpływ różnych tablic na poszukiwanie oporności elektrycznej, symulacja pozornej oporności pozornej przekroju nad pionową strukturą rezystywną o szerokości 4 mm i długości 40 mm umieszczoną przy x = 0 w jednorodnym ośrodku 40 Ωm, (a) dipol-dipol, (b) tablica Wennera

1.7.2. 1.7.2. Oporność interpretowana

Informacje ilościowe dotyczące rozkładu rezystywności wymagają matematycznej inwersji pomiaru rezystywności pozornej na rezystywność zinterpretowaną. Inwersja polega na przekształceniu objętościowego oporności pozornej na dane dotyczące oporności pozornej, które reprezentują oporność na efektywnej głębokości badania, w przeciwieństwie do pseudogłębi.

1.7.3. 1.7.3. Skuteczna ocena głębokości

Różnice w badaniu głębokości przy różnych konfiguracjach matryc są związane z wartościami "a" i "n" (tabela 1-2). Poprzez zwiększenie wartości czynników "a" i "n" zwiększa się efektywną głębokość badania. Powszechnie przyjmuje się, że głębokość badania odpowiada odległości między elektrodami A i M. Tak więc, efektywna głębokość badania zależy od względnego położenia elektrod zarówno prądowych jak i potencjalnych. Efektywna głębokość badania jest jednak również związana z warstwami podpowierzchniowymi, ponieważ przewodząca warstwa powierzchniowa zmniejsza głębokość badania. Z tych powodów istnieje tyle głębokości badania, ile jest możliwych struktur warstwowych lub istnieje odstęp A-M.

1.7.4. 1.7.4. Proces inwersji

W przypadku pionowych sondowań elektrycznych (jednowymiarowych), dane są wykreślone na wykresie (krzywe) wyrażającym zmienność oporności pozornej przy wzrastającym rozstawie elektrod. Krzywe te w jakościowy sposób przedstawiają zmienność oporności pozornej z głębokością. W stosunkowo prostych przypadkach (sukcesja dwóch lub trzech poziomych warstw), oszacowanie głębokości warstwy może być dokonane poprzez porównanie danych pola z teoretycznymi krzywymi oporności pozornej. Technika ta zapewnia zgrubną interpretację w przypadku braku urządzeń komputerowych lub umożliwia uzyskanie przybliżonego modelu, który jest wymagany jako punkt wyjścia dla jednego ze schematów modelowania iteracyjnego. Jeśli podłoże nie jest jednowymiarowe (ciąg warstw poziomych), dwu- lub trójwymiarowe przetwarzanie danych wymaga procedury inwersji modelowania numerycznego. Opracowano różne rozwiązania numeryczne, w tym przybliżanie różnic skończonych i modelowanie metodą momentowo-metodową, stosowane najpierw do badań elektromagnetycznych, a następnie do poszukiwań elektrycznych.

Proces inwersji jest nieliniowy, a rozdzielczość rozpoczyna się zasadniczo od modelu zgadywania,

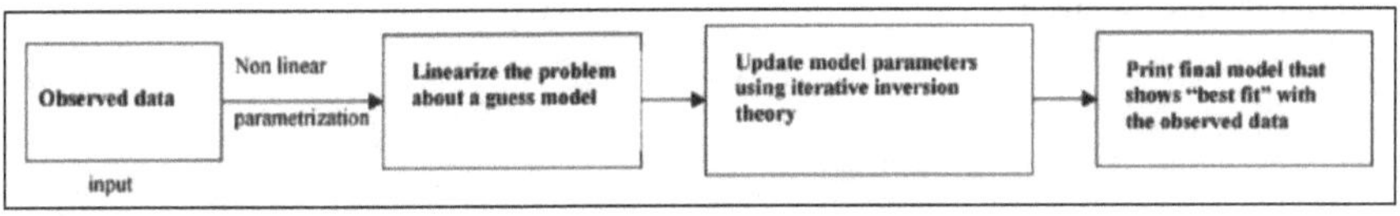

którego parametry są aktualizowane za pomocą procedury liniowej, iteracyjnej regulacji typu (Rys.1-6).

Rysunek 1- 6. Schemat schematu modelowania inwersji iteracyjnej

Aby móc symulować złożony rozkład oporności elektrycznej, model ośrodka musi być dyskretny w wielu ogniwach (*j* = 1 do *m*). Właściwości fizyczne (rezystywność) w każdym ogniwie są stałe (*m*, przy *j* = 1 do *m*). Dane o oporności elektrycznej (oporności pozornej) można opisać jako jedną funkcję matematyczną, która ma odpowiednie właściwości ośrodka jako zmienne:

$$d_i = F_i(m_1, m_2, ..., m_m) + e_i$$

gdzie *di* są obserwowanymi danymi (*i* = 1 do *n*), *Fi jest* operatorem kartograficznym, który umożliwia obliczenie odpowiedzi modelu dla danego zbioru parametrów modelu ziemi *mj* (*j* = 1 do *m*) w każdym z punktów danych *I* (*i* = 1 do *n*), a *ei* są błędami w zbiorze danych dotyczących obserwacji. Rozwiązanie nieliniowego równania Eq.6 (powyżej) wymaga najpierw wyrażenia tego równania w formie, którą można obsługiwać metodami stosowanymi w przypadku odwrotnych problemów liniowych. Powszechną procedurą" "linearyzacji" problemu jest rozpoczęcie od wstępnego modelu z odgadniętymi wartościami rozkładu rezystywności. W punktach danych (*i* = 1 do *n*) obliczane są teoretyczne dane *ci* początkowego modelu ziemskiego z odgadywanymi parametrami rezystywności *mj.*

$$c_i = F_i(m_1, m_2, ..., m_m)$$

Jak wyrażono w równaniu 6, obserwowane dane *di* różnią *się* od danych teoretycznych o wartości *ei*:

$$e_i = d_i - c_i$$

Celem jest znalezienie zestawu oporności aktualizacji (*mj*), który minimalizuje różnice między danymi zaobserwowanymi a obliczonymi dla wszystkich punktów danych Np. 6.

Rozdział 2

Amirabad modelowanie qanat

2.1. Przegląd

Aby modelować każdą strukturę podpowierzchniową, konieczna jest znajomość zasad i efektywnych relacji przy jej tworzeniu. Zrozumienie zmiennych, które wpływają na pomiar każdej właściwości fizycznej ośrodka może być pierwszym krokiem. Oporność elektryczna jest właściwością fizyczną, która w szerokim zakresie może być wykorzystana do rejestrowania anomalii, które w sposób uzasadniony różnią się od tła. Czynniki wpływające na rezystywność różnią się w dużym stopniu, więc jeśli jeden z głównych czynników nie jest znany, to cała interpretacja jest trudna. Dokładne zbadanie wszystkich czynników wpływających na rezystywność jest wymagane w medium; podjęcie decyzji o przyczynie zmian rezystywności nie jest łatwe w badaniu geoelektrycznym. W celu wyjaśnienia tej kwestii, przed wykryciem anomalii w polu, konieczne jest podświetlenie drogi przepływu prądu elektrycznego przez warstwowe podłoże. Droga prądu elektrycznego w środowisku jednorodnym jest sferyczna, ale w

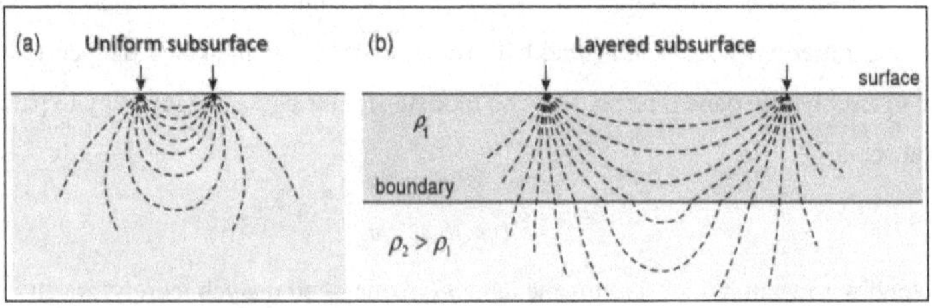

niejednorodnym odchyla się (Rysunek 2-1).

Rysunek2- 1. załamanie zmienia rozkład prądu w warstwie

Jeśli w 3-warstwowej warstwie podpowierzchniowej druga warstwa ma tak mniejszą rezystywność niż trzecia, to jest trudny warunek, aby wstrzyknąć prąd elektryczny specjalnie z małym odstępem elektrody A i B w celu wykrycia rezystywności najgłębszej i najbardziej opornej warstwy; ze względu na naturalny charakter załamania zachowania prądu w granicy drugiej i trzeciej warstwy. Innymi słowy, przepływ prądu woli przechodzić przez warstwę przewodzącą niż przez warstwę głęboką i bardziej oporną (Rysunek 2-2).

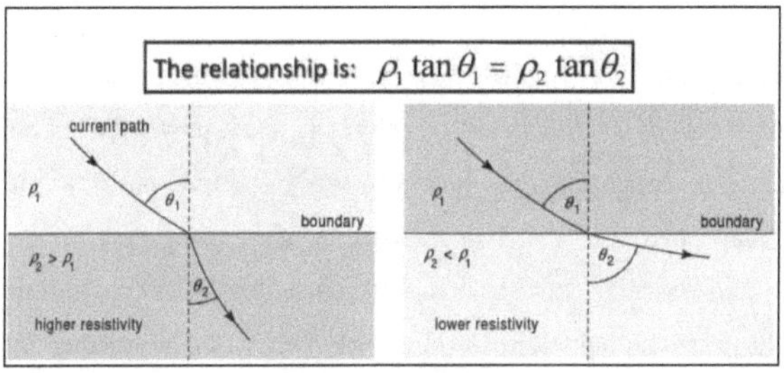

Rysunek 2- 2. Zniekształcenie przepływu prądu na granicy dwóch mediów o różnej rezystancji

2.2. Pole Opis terenu

Już w 3000 r. p.n.e. w Persji rozpoczął się system nawadniania zwany qanat. Są to podziemne tunele o regularnych odstępach czasu, służące do transportu wody z wyżyn na równiny. Składa się on z długiego kanału o łagodnym nachyleniu i dużej ilości studni. Studzienki są wykorzystywane do wykopania kanału i dostępu do wody (Rysunek 2-3).

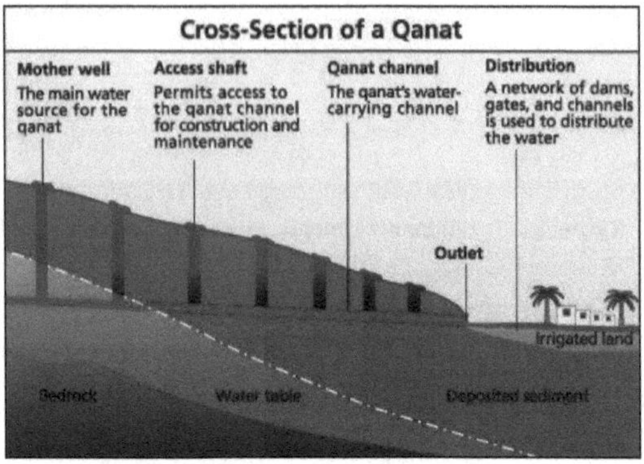

Rysunek2- 3 Schematyczny schemat qanat

Nachylenie qanatu jest na tyle optymalne, że średnica kanału nie zwiększa się ze względu na dużą prędkość przepływu wody, a jednocześnie nachylenie to nie powoduje tak powolnego przepływu (jeśli nachylenie jest bardzo łagodne, prędkość wody staje się tak powolna, a przepływ wody zamiast przebiegać poziomo, woli ona podążać w górę przez najbliższe studnie w kierunku pionowym i w konsekwencji qanat szybko wysycha). Ponieważ qanaty uniemożliwiają dopływ opadów atmosferycznych do poziomu wód gruntowych, woda ta powinna być doprowadzona do górnego poziomu wód gruntowych, aby dotrzeć do miejsca jej zużycia. Porowatość, stopień przepuszczalności, wielkość ziarna, zawartość gliny, pęknięcia i złamania oraz stopień litifikacji odgrywają bardzo ważną rolę w ich działaniu. Złoże qanatu jest nasycone do pewnej głębokości. Ta warstwa nasycenia działa jak warstwa nieprzepuszczalna i zapobiega przedostawaniu się wody na niższe poziomy.

Amir Abad qanat, który posiada kilka studni, zbiera wody wyżyny Saadat-Abad, doprowadzając je do punktu wyjścia w Instytucie Geofizycznym Uniwersytetu w Teheranie. W ten sposób wody Qanat przechodzą przez podziemny poziom dróg mieszkalnych Saadat-Abad i Chamran Blvd i docierają do poziomu gruntu w instytucie.

W instytucie znajduje się osiem odwiertów, z których trzy znajdują się w badaniach geofizycznych tej pracy. Studnia nr 1 znajduje się w najniższym punkcie pod względem wysokości i ma głębokość 4,15 metra. Azymut linii łączącej odwiert nr 1 z odwiertem nr 2 wynosi około 300 stopni i jest skierowany w kierunku północno-zachodnim (Rysunek 2-4).

Rysunek2- 4. Lokalizacja 3 odwiertów i qanat teherańskiego instytutu geofizyki

Prędkość przepływu wody poniżej studni 1 jest wyższa niż w studniach 2 i 3, a wysokość wody w kanale poniżej tej studni sięga 10 centymetrów. W2 znajduje się 22 metry od pierwszej studni i na północny zachód od W1. Głębokość tej studni wynosi 4,55 m, a aktualna wysokość wody w tej studni wynosi 20 cm. Olbrzymie i zielone sosny znajdują się na tym obszarze około 2000 metrów kwadratowych. Odległość pomiędzy sosnami wynosi 3 metry. Gleba wokół W2 ma więcej wilgoci niż W3, która znajduje się 23.5 metra od niej i 40 stopni na północny zachód od niej. Wysokość

W3 jest o jeden metr niższa od całego obszaru badań. Głębokość tej studni wynosi 5,20 metra, a wysokość wody 12 cm. Powierzchnia obszaru badawczego ma łagodne nachylenie od północnego wschodu na południowy zachód. Woda przepływa z W3 do W1. Woda przechodzi przez lewą stronę bramy, po opuszczeniu terenu badań dociera do powierzchni ziemi i wchodzi na teren zielonego kampusu instytutu.

2.3. Metodologia

Jak już wcześniej wspomniano, modelowanie qanatu Amirabad opiera się na metodzie oporności. Jej specyfikacje są następujące:

1) Kanał qanatu o średnicy około 1 metra jest pokryty wodą o wysokości od 20 do 10 centymetrów (istnieje prawdopodobieństwo opadania ścian i zwiększania średnicy).

2) Trzy studnie, które zostały już opisane.

Qanaty są zazwyczaj wykopywane ręcznie, a ich podłoże nie posiada żadnych podbudów, co oznacza, że bieżąca woda na ich dnie tworzy nasyconą warstwę wody w dnie kanału, co zapobiega przedostawaniu się wody do niższych poziomów.

Środowisko wokół qanatu Amirabadu jest na ogół zbudowane ze złóż aluwialnych i fizycznie niejednorodne. Brak jednorodności tego środowiska powoduje znaczne zróżnicowanie grubości warstwy nasyconej. To zróżnicowanie powierzchni kanału wynika ze zmian właściwości fizycznych, takich jak przepuszczalność, porowatość, stopień porowatości i inne właściwości. Jeśli przekrój pionowy ma przekraczać dno qanatu, przewiduje się trzy różne środowiska:

Pierwsze środowisko to niejednorodna warstwa aluwialna, której grubość zmienia się w pobliżu pierwszego i drugiego odwiertu. Przybliżona grubość tej warstwy wynosi 3,15 m w pobliżu pierwszego i 3,55 m w pobliżu drugiego odwiertu i różni się od grubości gliny, piasku, gruzu i mułu. Jej powierzchnia ma łagodną chropowatość. Drugi, utworzony z cylindrycznego zagłębienia, jest pełen powietrza i wody, jego wysokość wynosi około jednego metra. Ponieważ jest on wykonany z formacji aluwialnej, istnieje ryzyko upadku ścian i stropu kanału.

Trzecia część składa się z nasyconej warstwy, która ma nieokreśloną grubość i rozpiętość. Ponieważ na właściwości opornościowe tych trzech warstw ma wpływ wysoka oporność pustej przestrzeni kanału i niska oporność strefy nasycenia w dnie, możliwe jest zidentyfikowanie tych trzech środowisk za pomocą metody opornościowej. Do badania właściwości opornościowych obszaru zastosowano trzy tablice składające się z firm Schlumberger, Wenner i Dipole-Dipole.

2.4. Konfiguracja Schlumbergera

Cztery elektrody są rozmieszczone symetrycznie wzdłuż linii prostej z elektrodą prądową na zewnątrz i elektrodami potencjałowymi w wewnętrznej części tablicy. W warunkach pracy separacja elektrod prądowych jest określana jako AB, a separacja elektrod potencjałowych jako MN. Głębokość, na jaką przenika prąd, zmienia się poprzez zmianę długości AB. Zakres, w jakim podpowierzchnia może być przedstawiona jest proporcjonalny do rozstawu AB. Kiedy stosunek AB do MN staje się zbyt duży, elektrody potencjałowe muszą być przesunięte na zewnątrz, w przeciwnym razie otrzymana różnica potencjałów staje się zbyt mała, aby można było ją zmierzyć z rozsądną dokładnością. At the beginning of a series of measurement, the distance MN must be greater or equal to AB/3. Doświadczenie pokazało jednak, że gdy odległość MN jest większa lub równa AB/5, osiągana jest rozsądna dokładność dla krótkiego odstępu AB. Za pomocą tego układu można zarejestrować pionową zmienność oporności, a głębokość przenikania prądu elektrycznego jest dopuszczalna. Jeżeli w sekwencji pionowej występują różne środowiska pod względem rezystywności, a różnica ta jest wystarczająco znacząca, można ją wykryć za pomocą macierzy firmy Schlumberger.

Pomiędzy pierwszym i drugim odwiertem, w odległości 6,6 metra od W1, wybiera się stację wzdłuż ścieżki qanat. Wybrany punkt na ścieżce qanat (F1), z obu stron do 10 metrów, nie stanowi przeszkody dla maksymalnego wydłużenia szyku, dlatego może być wykorzystywany do wykonywania operacji VES (pionowe sondowanie elektryczne) z dopuszczalną głębokością penetracji (Rys. 2-5).

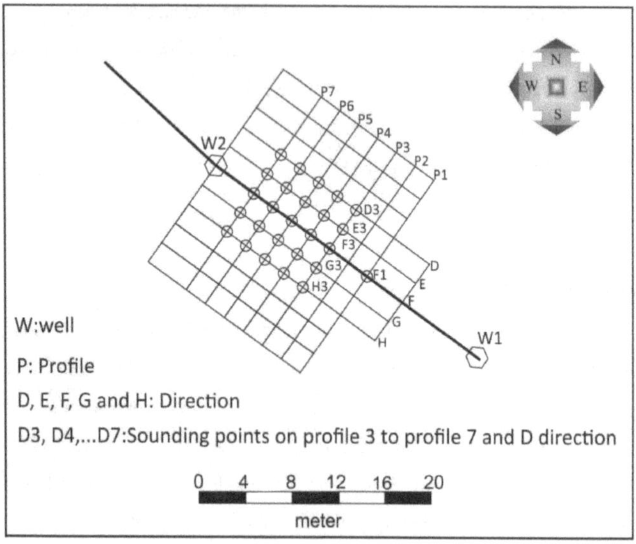

Rysunek2- 5. Siatka używana do wykonywania operacji sondowania pięciu profili P7, P6, P5, P4, P3 oraz na każdym profilu 5 stacji H, G, F, E, D składa się z 25 stacji (H7 ... ..., E3, D3).

Operacje polowe wykonywane są w taki sposób, że początkowo odległość pomiędzy elektrodami prądowymi wynosi 5 m, a odległość pomiędzy elektrodami potencjalnymi wynosi 2 m. Pierwszy odczyt wykonywany jest pod tym warunkiem: AB=5m i MN=2m. Następnie w ten sposób zwiększa się odległość pomiędzy elektrodami prądowymi i dokonuje się odpowiednich odczytów. Środek obu par elektrod potencjałowych i prądowych pozostaje stały, a odległość elektrod prądowych rośnie do 10m, a następnie przez zwiększenie odległości elektrod prądowych do maksimum, AB=20m, odległość elektrod potencjałowych stopniowo wzrasta. Głębokość środka kanału w pozycji F1 wynosi 3,8 metra, a dno kanału jest na głębokości 4,3 metra. Głębokość penetracji tablicy Schlumbergera jest w przybliżeniu równa jednej czwartej odległości elektrod prądowych. Jeśli odległość pomiędzy elektrodami prądowymi wynosi 20 metrów, głębokość penetracji prądu elektrycznego wynosi 5 metrów, co obejmuje części dna kanału. Jeżeli wartości rezystywności są wykreślone dla różnych odległości elektrod (AB/2) w podwójnej skali logarytmicznej, wówczas można dokonać zmian w formie wykresu. Jak pokazano na Rysunku 2-

6, wykres zarówno w poziomie, jak i w pionie jest przetwarzany za pomocą oprogramowania IPI2WIN w porównaniu z teoretycznymi krzywymi, niektóre informacje zostaną uzyskane jak oporność pozorna warstw i odpowiadająca im grubość, z wyjątkiem grubości ostatniej.

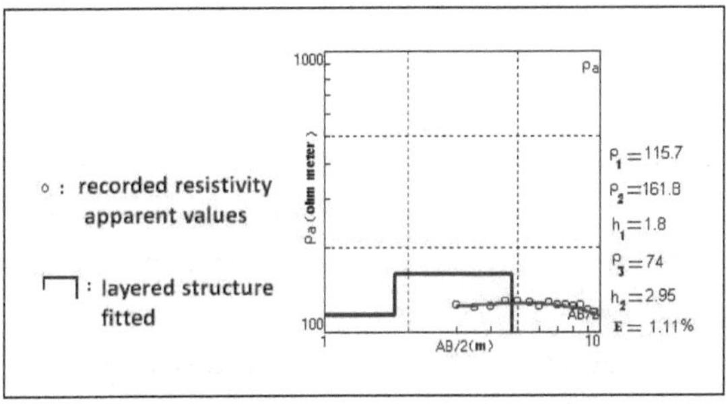

Rysunek2- 6. Krzywa dźwięku zgodna z danymi zmierzonymi za pomocą tablicy Schlumbergera w stacji F1 oraz informacjami o warstwach (ρ1, ρ2, ρ3 to pozorna rezystywność pierwszej, drugiej i trzeciej warstwy w omomierzu; h1 i h2 to odpowiednio grubość pierwszej i drugiej warstwy w metrach).

Najpierw prąd elektryczny przechodzi przez niejednorodne medium aluwialne nad kanałem. Pozorne wartości oporności zmieniają się na początku elektrycznej krzywej dźwiękowej stacji F1 i są wyższe niż wartości na końcu wykresu. Oporność pozorna górnych poziomów warstwy aluwialnej nad kanałem jest najwyższa w porównaniu z całą głęboką sekwencją regionu ze względu na brak zagęszczenia gruntu i obecność powietrza. Zasadniczo udowodniono, że w jednorodnych ośrodkach aluwialnych ośrodek aluwialny stopniowo staje się coraz gęstszy i bardziej wilgotny od powierzchni do podłoża, ponieważ wraz ze wzrostem średniej głębokości zmniejsza się ilość pustostanów. Ponadto, wraz ze wzrostem głębokości, ośrodek trzyma się z dala od światła słonecznego i wiatru, co oznacza, że pozostaje wilgoć i zachowuje więcej wilgoci w głębszych warstwach gleby, a więc pozorna oporność zmniejsza się od powierzchni do głębokości. Krzywa brzmienia F1 początkowo wiąże się ze stopniowym wzrostem oporności pozornej, ale potem maleje. Obecność qanatu, który jest w dużej mierze wypełniony powietrzem, może być przyczyną tendencji wzrostowej wartości rezystywności na początku brzmienia F1. Rezystywność pozorna wód gruntowych waha się od 10 do 100 omów. Ponieważ wszystkie wartości oporności

pozornej przekroczyły 100 ommów, można udowodnić niewystarczające przenikanie prądu elektrycznego do trzeciego ośrodka (strefa nasycenia wody w kanale).
Chociaż maksymalna przestrzeń elektrody wydaje się niewystarczająca, jak pokazano na rysunku 2-6, niskie wartości oporności pozornej można przypisać niskiej oporności strefy nasycenia w dolnej części kanału.
W celu porównania punktu sondowania, na który ma wpływ podziemny kanał i jego strefa nasycenia, z odpowiadającymi mu punktami oddalonymi od qanat, które pokazują wartości rezystywności tła, zaprojektowano kwadratową siatkę o wymiarach 8 × 8 m, w tym 5 profili o numerach od 3 do 7, a na każdym profilu wybiera się 5 punktów dla stacji sondowania. Te 25 punktów oznaczonych jest literami D, E, F, G, H i zaczyna się od D3 na profilu 3, a kończy na ostatnim punkcie H7 na profilu 7. Odległość między stacjami wynosi 2 metry. W tych punktach odstępy pomiędzy elektrodami mogą być większe niż 20 metrów. Dlatego w stacjach F7, F6, F5, F4 i F3 badana jest głębsza głębokość dna kanału wraz ze strefą nasycenia (Rys. 2-4).
Operacja VES została wykonana w 25 punktach. Proces badania sondażowego w tych stacjach jest podobny do tego, który został przeprowadzony w F1. P3 (profil 3) posiada trzy 5 punktów sondowania: H3, G3, F3, E3, D3. W punkcie D3 badanie sondażowe nie było zakończone (ograniczenie w rozszerzaniu tablic). Z tego powodu nie uzyskała ona znaczącego wyniku. Pozorne wartości rezystywności stacji dźwiękowej E3 oddalonej o 2 m od hipotetycznego przekroju prostopadłego zawierają ścieżkę qanat (linia łącząca wszystkie stacje F1, F2,...F7) są tak podobne do siebie (rysunek 2-7). Oznacza to, że istnieje jednorodny ośrodek o grubości 5 m. Wartości oporności pozornej krzywej sondowania w punkcie F3 mają dwie tendencje wzrostowe i spadkowe. Maksymalne te wartości odpowiadają jamie kanału. Wartości rezystywności na końcu wykresu F3 zmniejszyły się do wartości znacznie poniżej 100 omów. Ta pozorna wartość rezystywności wskazuje na strefę nasycenia złoża kanału.
Krzywa sondowania w punkcie G3 pokazuje naturalny trend zmniejszania się oporu pozornego z powierzchni na głębokość. Wartości oporności na końcu wykresu wynoszą około 100 omów metrów lub nawet mniej. Dla AB = 26 m prąd elektryczny przenika do 6,5 m poniżej głębokości, wartości oporności pozornej wynoszą około 80 omów, wskazując na strefę nasyconą wodą na tej głębokości. Można stwierdzić, że woda osiągnęła do 2 metrów od środka ścieżki qanat w kierunku poziomym. Wartości oporności akustycznej w H3 są bardzo zmienne.

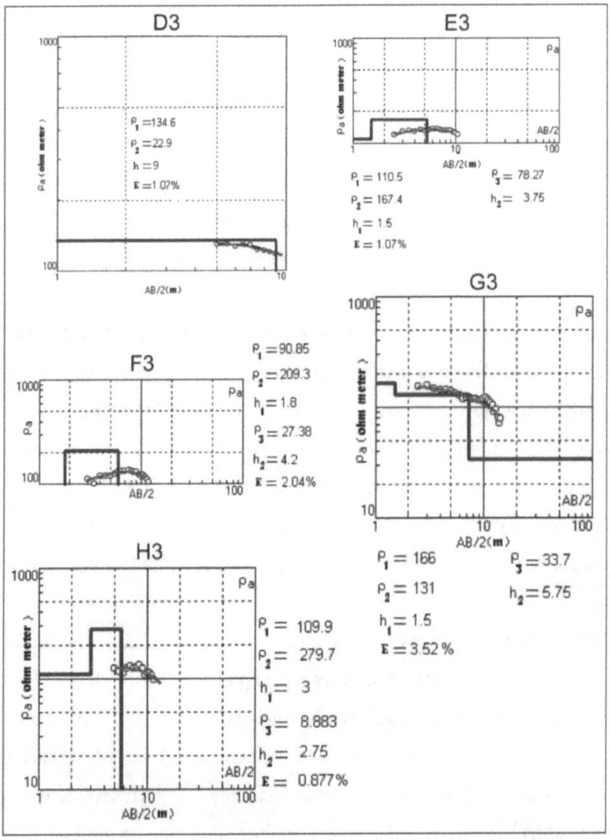

Rysunek2- 7. Krzywe sondowania według badania danych z tablicy Schlumbergera na profilu 3 oraz informacje o oporności pozornej i grubości różnych warstw

Profil 4 zawiera 5 punktów sondażowych: H4, G4, F4, E4, D4. F4 znajduje się tuż nad qanat i E4, G4 w odległości 2 m, a H4, D4 w odległości 4 metrów od hipotetycznego prostopadłego przekroju poprzecznego zawiera ścieżkę qanat (linia łącząca wszystkie stacje F1, F2,...F7). Zgodnie ze schematem dźwiękowym 4D uważa się, że podstawowa część krzywej, włącznie z danymi o średniej rezystywności (około 120 omów metra), ale przy pierwszym przemieszczeniu elektrod potencjałowych MN (MN = 2m do MN = 3m), pozorne wartości rezystywności są zauważalnie zmniejszone, a nawet niższe niż 100 omów metrów. Jest to związane z nasyconą strefą wody. Pukanie elektrod potencjałowych w niejednorodnym środowisku powierzchniowym przypadkowo (zwłaszcza jeśli zawiera glinę) jest główną przyczyną obniżenia wartości oporności pozornej na wykresie D4. Jeśli wykres D4 otrzymany od firmy Schlumberger zostanie porównany z wykresem D4W (badanie akustyczne z tablicą Wennera), to można stwierdzić, że różnica pomiędzy dwoma wykresami w profilu 4. Schemat elektryczny Wennera jest mocniejszy niż Schlumbergera w konfrontacji z wysokim poziomem szumu tła. Rzeczywiste dane o oporności pozornej tego miejsca są gromadzone za pomocą tablicy Wennera (Rysunek 2-13). Ponieważ w tablicy Wennera po jednym odczycie wszystkie elektrody są przemieszczane, a w ośrodku o wysokim poziomie szumu tła tylko jedna informacja jest nim zanieczyszczona. W sondzie E4 obserwuje się te dwie tendencje. Podstawowa tendencja wykazuje stopniowy wzrost wartości oporności pozornej. Maksymalna wartość oporności pozornej jest przypisana do głębokości 4,5 metra. Dane te zostaną zredukowane do dwóch najbardziej oczywistych wartości poniżej 100 omów metra, które należą do strefy nasyconej. Krzywa dźwiękowa E4 przedstawia model trójwarstwowy, który jest trzecią warstwą związaną ze strefą nasycenia.

Dźwiękowe F4 jest badane na ścieżce qanat. Na początku krzywej widać stałą wartość oporności pozornej, która jest przypisana do pierwszej warstwy od powierzchni do głębokości 3,7 metra. Na tej głębokości zaczyna się tendencja spadkowa oporności pozornej. Wysokie wartości oporności końcowej części krzywej są przypisane do strefy nasycenia. Nie jest możliwe przypisanie maksymalnej ilości środkowych wartości do obecności jamy. Na podstawie badań sondażowych F3 i F4 można stwierdzić, że wzrost miąższości podłoża aluwialnego na dnie kanału, nawet w odległości kilku centymetrów, powoduje w pewnym stopniu usunięcie efektu pustki na elektrycznych schematach sondażowych (rysunki 2-7 i 2-8).

Zgodnie z krzywą dźwiękową G4, wraz ze wzrostem głębokości, pozorne wartości oporności maleją. Wysokie wartości oporności pozornej w zakresie głębokości od 4 do 5 metrów wskazują na możliwość istnienia strefy oporu w tym obszarze. Dane poniżej 100 omów metra wskazują na istnienie strefy nasyconej wody.

Wartości oporności pozornej na wykresie H4 są zgodne z trendem malejącym. Dane dotyczące oporności pozornej głębokich regionów nie są zgodne z odpowiadającymi im wartościami (na tej samej głębokości) na wykresach E4, F4, G4 (obecność strefy skalistej o bardzo dużej gęstości może być przyczyną takiego przypadku). Na wykresie dźwiękowym H4 nie zarejestrowano wartości mniejszych niż 100 omów (dane mniejsze niż 100 omów są zazwyczaj charakterystyczne dla strefy nasyconej w regionie). Dlatego można stwierdzić, że maksymalne przedłużenie wody bieżącej w przekroju poprzecznym kanału jest mniejsze niż 4 metry (Rysunek 2-8).

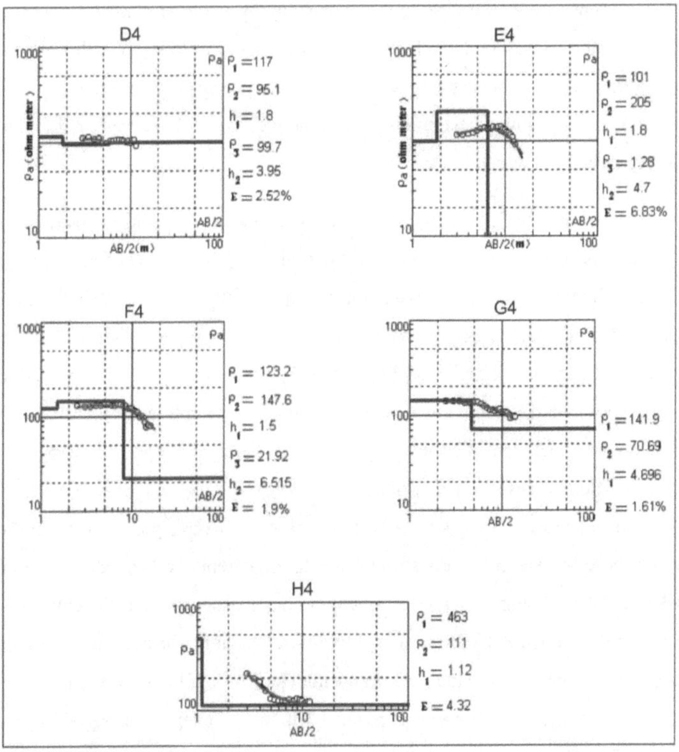

Rysunek2- 8. Krzywe sondowania według badania danych z tablicy Schlumbergera na profilu 4 oraz informacje o oporności pozornej i grubości różnych warstw

Profil 5 zawiera 5 punktów sondażowych: D5, E5, F5, G5, i H5. Po pierwsze na wykresie D5, trend wzrostowy kontynuuje się do głębokości 3 metrów. Następnie dane te ulegają wahaniom. Chociaż pozorne wartości rezystywności zmniejszają się na końcu wykresu, to jednak nie są rejestrowane wartości mniejsze niż 100 omów metrów. Można więc wnioskować, że nie tworzy się w tym warstwa nasycona. Inaczej mówiąc, rozszerzalność wodna kanału jest mniejsza niż 4 metry. Jest to możliwe, jeżeli operacja sondowania będzie trwała do momentu zapisania danych poniżej 100 omomów, ale wartości te będą odnosić się do poziomu poniżej wody bieżącej. Na krzywej E5 pokazano oscylację danych w pierwszym kroku, wskazując na brak jednorodności aluwium na tym poziomie. Następnie dane dotyczące oporności pozornej na końcu wykresu wynoszą mniej niż 100 omów. Dane te odnoszą się do głębokości 7 metrów i niższej, co oznacza obecność strefy nasyconej wody.

Na wykresie dźwiękowym F5 znajdują się dwie narastające i opadające wartości oporności pozornej. Tendencja rosnąca rozpoczyna się od głębokości 1,8 metra do 5,45 metra. Tendencja zniżkowa, która obejmuje dane o wielkości mniejszej niż 100 omów, odnosi się do głębokości mniejszej niż 5,45 metra. Głębokość złoża kanału w tym punkcie wynosi 4,4 metra. Chociaż media są całkowicie nasycone wodą z głębokości od 4,4 do 5,45 metra, zmycie błota powoduje, że dane mniej niż 100 omów metrów nie pojawiają się dokładnie na poziomie 4,4 metra. Jak widać, dno kanałów jest pokryte piaskiem. Grubość tej sekwencji zależy od gęstości cząstek i prędkości obrotowej wody. Błoto o wysokiej przewodności elektrycznej z głębokości 5,45 metra i mniejszej, ponieważ nie ma bezpośredniego kontaktu z przepływem wody, pozostaje w gruboziarnistej cząsteczce. Grubość tej warstwy nie jest możliwa do zmierzenia ze względu na ograniczenie w sposobie rozprowadzania wiązki elektrycznej w tym punkcie sondowania. Na wykresie G5 można zauważyć proces stopniowego zwiększania wilgotności. Wahania wartości oporności pozornej nie są tak duże i mogą być postrzegane jako trend malejący w ogólnym widoku. Godnym uwagi punktem tego wykresu jest to, że wartości poniżej 100 omów metrów nie są rejestrowane nawet na głębokości 6,75 metra, więc strefa nasycenia nie tworzy się na tej głębokości.

Na wykresie H5 zaobserwowano trend spadkowy, ale ten trend jest bardziej intensywny niż na wykresie G5. Najwyższy poziom oporności pozornej związanej z płytką powierzchnią rejestrowany jest w pierwszej części stacji H5. Dane po delikatnym spadku rosną od głębokości 4,5 metra, czego przyczyna nie jest jasna. Wartości mniejsze niż 100 omów w tej stacji nie są rejestrowane, co wskazuje na brak strefy nasyconej na tej głębokości (Rysunek 2-9).

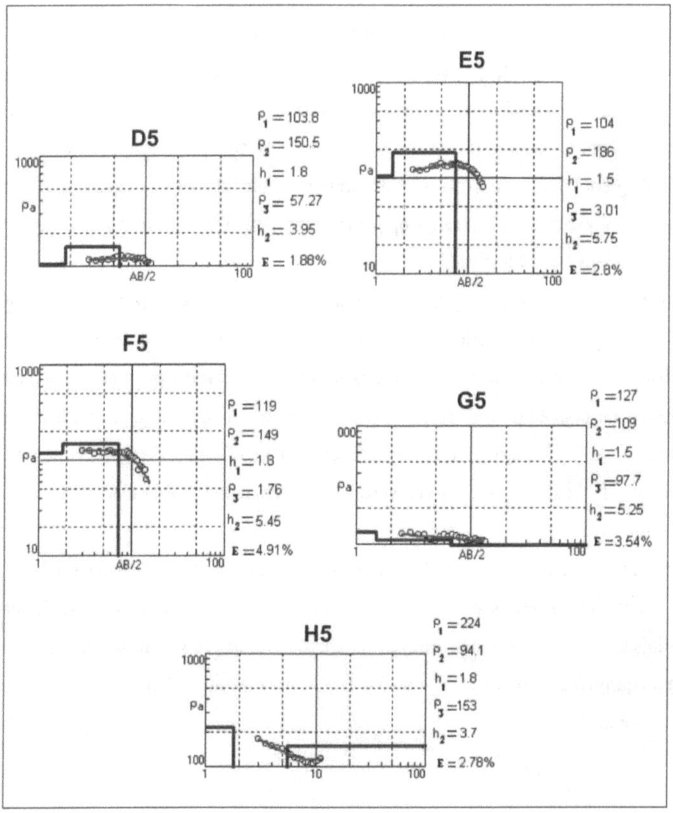

Rysunek2- 9. Krzywe sondowania według badania danych z tablicy Schlumbergera na profilu 5 oraz informacje o oporności pozornej i grubości różnych warstw

Profil 6 składa się z 5 elektrycznych stacji sondażowych (D6, E6, F6, G6 i H6).
Główną cechą charakterystyczną w punkcie D6 jest mała ilość oporności pozornej w pierwszej części wykresu. Następnie dane zwiększają się do głębokości 3,5 metra. Wartości mniejsze niż 100 omów metrów w tej stacji nie są rejestrowane, dlatego nie ma możliwości utworzenia strefy nasycenia na tej głębokości.
Wykres E6 składa się z dwóch ogólnych trendów; pierwszy trend jest jednorodny (z wyjątkiem dwóch danych pierwotnych), po czym drugi rozpoczyna się od kierunku malejącego. Od głębokości 2,4 metra do głębokości 5 metrów, wartości oporu pozornego są rejestrowane bez żadnej ostrej różnicy (jednorodne Aluvium). Obserwowana jest jednak tendencja spadkowa odpowiadająca głębokości 5 metrów, wartości mniejsze niż 100 omów nie są rejestrowane. Tylko ostatnie dane na wykresie E6 pokazują oporność mniejszą niż 100 ommów, co jest związane z nasyconą strefą wody.
Wykres F6 podąża za dwoma ogólnymi trendami: pierwszy trend jest prawie stały, a drugi całkowicie spadkowy. Dane mniej niż 100 omów na końcu F6 wskazują na istnienie strefy nasyconej (dwuwarstwowa struktura nie wykazuje żadnych efektów pustych przestrzeni).
Wykres G6 ma na początku tendencję spadkową, ale dane rosną od głębokości 2,5 metra do 3 metrów. Od głębokości 3 metrów do odpowiedniej głębokości ostatnich danych, pozorne wartości oporności zmniejszają się, ale wszystkie wartości są wyższe niż 100 omów metrów, więc nie ma strefy nasyconej wody.
Wykres H6 odzwierciedla wysoką oporność pozorną związaną z głębokością od 2 do 3 metrów. Tendencja spadkowa danych jest kontynuowana od głębokości 2 do 4 metrów. Żadna z danych nie jest mniejsza niż 100 omów metrowych. Dlatego według prawie niezmiennego trendu, który odnosił się do danych o głębokości od 4 do 5,5 metra, nie ma żadnych dowodów na istnienie strefy nasycenia (rysunek 2-10).

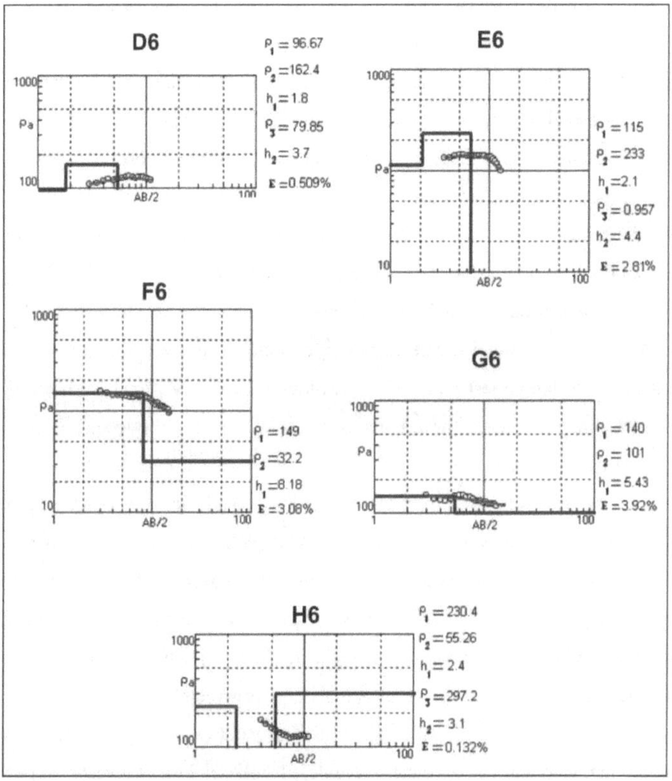

Rysunek2- 10. Krzywe sondowania według badania danych z tablicy Schlumbergera na profilu 6 oraz informacje o oporności pozornej i grubości różnych warstw

Profil 7 to najnowsza linia dla 5 stacji macierzy firmy Schlumberger w regionie. Profil ten składa się z 5 stacji, do których należą D7, E7, F7, G7 i H7. W nagłośnieniu elektrycznym na D7 obserwowane są dwa ogólne trendy. Po pierwsze, pozorne wartości oporności rosną i osiągają maksimum odpowiednie do głębokości 4 metrów. Jednak od tego czasu dane zmniejszają się, jednak nie są rejestrowane wartości mniejsze niż 100 omów metrów. W związku z tym nie ma możliwości utworzenia strefy nasycenia.

Na wykresie E7 wartości oporności pozornej są niższe niż odpowiadające im dane na wykresie D7, ale trend tych dwóch wykresów jest podobny, ale istnieje oczywista różnica, która odnosi się do oporności posiadanej do głębokości poniżej 5 metrów. Chociaż wartości poniżej 100 omów nie są rejestrowane, możliwe jest utworzenie warstwy nasycenia na głębszym poziomie.

Wykres F7 wśród wykresów F6, F5, F4 i F3 jest wyjątkiem. Tendencja zniżkowa na początku wykresu jest podobna do wykresów F6, F5, a nawet F4, ale trend ten zatrzymuje się na głębokości 4,5 metra. Na głębokości od 4,5 do 5,5 metra znajduje się bardzo odporna strefa. Jak wynika z wykresu (Rysunek 2-11), żadna z zarejestrowanych danych nie jest mniejsza niż 100 omów. Chociaż tendencja spadkowa jest ponownie ujawniona na końcu wykresu, to wszystkie dane są wyższe niż 100 omomów metra nawet dla głębokości 7 metrów (głębokość odpowiadająca ostatnim zarejestrowanym danym).

Na wykresie G7 są dwa trendy. Po pierwsze, jednolity trend wartości oporności pozornej na początku wykresu; po drugie, dane zmniejszają się na głębokości od 2,5 do 3,5 metra. Następnie dane zwiększają się stopniowo od 3,5 m do ostatniej głębokości sondowania. Podobno istnieje warstwa oporności, która została zarejestrowana przy dźwiękach F7; tym razem jest ona zarejestrowana na wyższym poziomie przy dźwiękach G7. Kolejną istotną rzeczą jest to, że żadna z danych nie ma pozornie oporności mniejszej niż 100 omów metrów.

Na wykresie H7 dane pierwotne wskazują, że płytka warstwa ma wysoką rezystywność; ale ważnym i godnym uwagi punktem są dane o średniej głębokości, która ma rezystywność mniejszą niż 100 omów metrów. Ostatnie dane mają tendencję rosnącą, a wraz ze wzrostem głębokości wzrasta również oporność pozorna. Istnieje bardzo przewodząca strefa odpowiadająca rozstawowi elektrod AB=10, która rozszerzyła się do głębokości AB=20 (Rysunek 2-11).

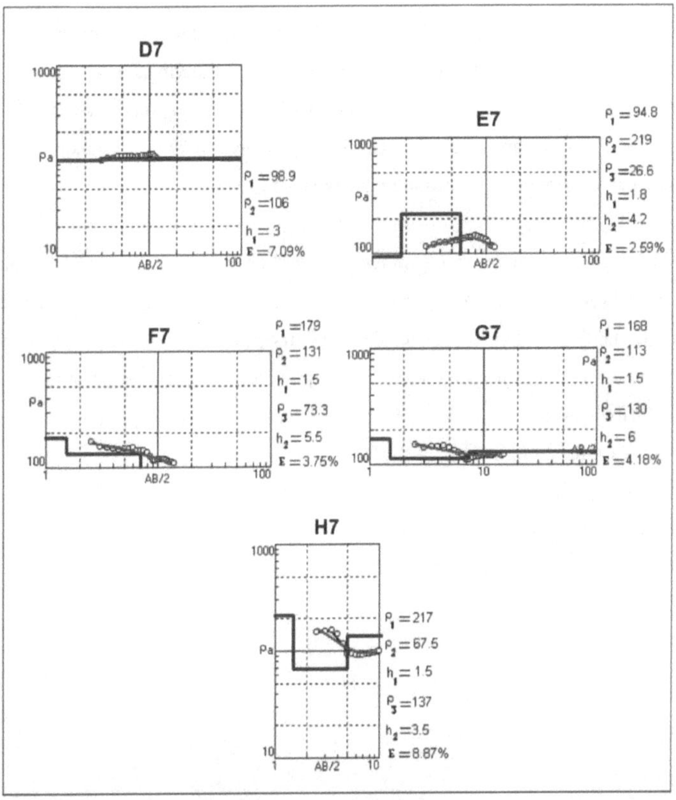

Rysunek2- 11. Krzywe sondowania według badania danych z tablicy Schlumbergera na profilu 7 oraz informacje o oporności pozornej i grubości różnych warstw

2.5. Konfiguracja Wennera

Wenner Array ma specjalne możliwości. Sygnał do natężenia szumu w tej macierzy jest większy niż w każdej innej konfiguracji. Dlatego też w regionie, w którym szumy stanowią barierę dla prawidłowego odbioru sygnału, tablica ta jest bardzo często wykorzystywana. Ponadto, siła przenikania jest umiarkowana i jest tak wrażliwa na pionowe zmiany rezystancji.

Po pierwsze, tablica Wennera jest zaimplementowana na profilu 3. Operacje polowe wykonywane są w taki sposób, że początkowo odległość pomiędzy elektrodami prądowymi wynosi 6 metrów, a odległość pomiędzy elektrodami potencjalnymi wynosi 2 metry. Cztery elektrody są symetryczne wokół środka i pierwszy odczyt jest wykonywany. Odległość pomiędzy elektrodami zwiększa się tak, że odległość pomiędzy elektrodami prądowymi wynosi 7.5 metra, a potencjalnymi 2.5 metra. Następnie dokonywany jest drugi odczyt. Procedura ta trwa tak długo, jak długo możliwe jest rozszerzenie całej tablicy. Krzywa brzmienia tablicy Wennera na profilu 3 przedstawiona jest na rysunku 2-12.

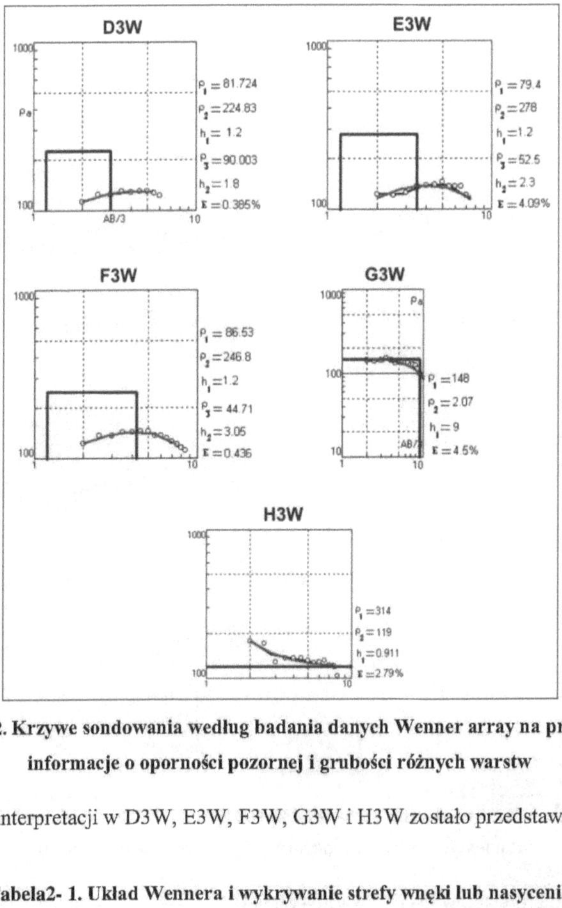

Rysunek2- 12. Krzywe sondowania według badania danych Wenner array na profilu 3 oraz informacje o oporności pozornej i grubości różnych warstw

Podsumowanie interpretacji w D3W, E3W, F3W, G3W i H3W zostało przedstawione w tabeli 2-1.

Tabela2- 1. Układ Wennera i wykrywanie strefy wnęki lub nasycenia

Punkt sondowania	D3W	E3W	F3W	G3W	H3W
Wykrywanie ubytków	×	×	×	×	×
Detekcja strefy nasycenia	×	✓	✓	✓	×

Profil 4 obejmuje 5 stacji D4W, E4W, F4W, G4W i H4W. Krzywa brzmienia tablicy Wennera na profilu 4 została przedstawiona na rysunku 2-13.

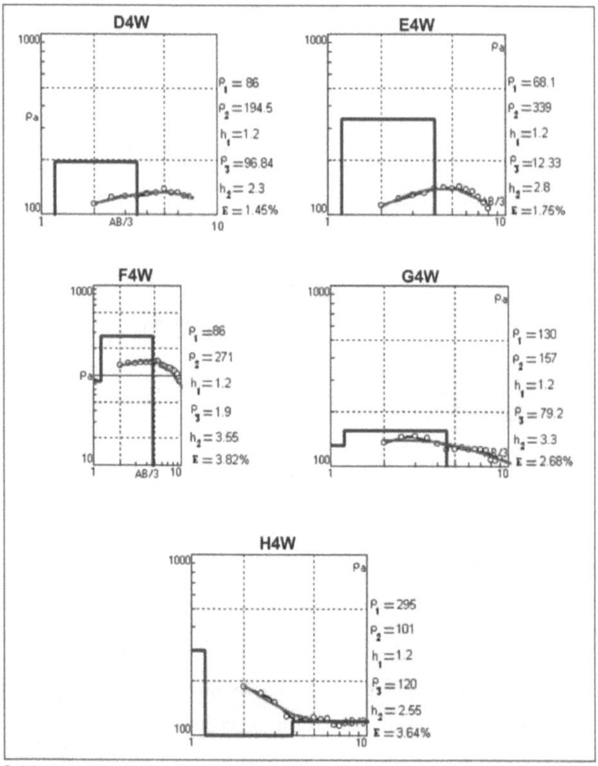

Rysunek2- 13. Krzywe sondowania według badania danych Wenner array na profilu 4 oraz informacje o oporności pozornej i grubości różnych warstw

Podsumowanie interpretacji w D4W, E4W, F4W, G4W i H4W zostało przedstawione w tabeli 2-2.

Tabela2- 2. Układ Wennera i wykrywanie strefy wnęki lub nasycenia

Punkt sondowania	D4W	E4W	F4W	G4W	H4W
Wykrywanie ubytków	×	×	×	×	×

Detekcja strefy nasycenia	×	✓	✓	✓	×

Do obsługi tablicy Wenner na profilu 5 wybiera się 5 stacji. Te 5 punktów obejmuje D5W, E5W, F5W, G5W i H5W.

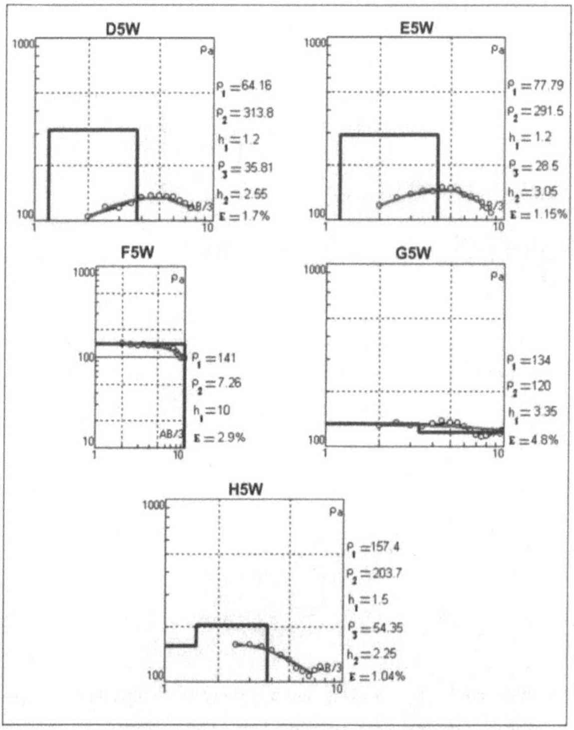

Rysunek2- 14. Krzywe sondowania według badania danych Wenner array na profilu 5 oraz informacje o oporności pozornej i grubości różnych warstw

Podsumowanie interpretacji w D5W, E5W, F5W, G5W i H5W zostało przedstawione w tabeli 2-3.

Tabela2- 3. Układ Wennera i wykrywanie strefy wnęki lub nasycenia

Punkt sondowania	D5W	E5W	F5W	G5W	H5W

Wykrywanie ubytków	×	×	×	×	×
Detekcja strefy nasycenia	×	×	✓	×	×

Do obsługi tablicy Wenner na profilu 6 wybiera się 5 stacji. Te 5 punktów obejmuje D6W, E6W, F6W, G6W i H6W.

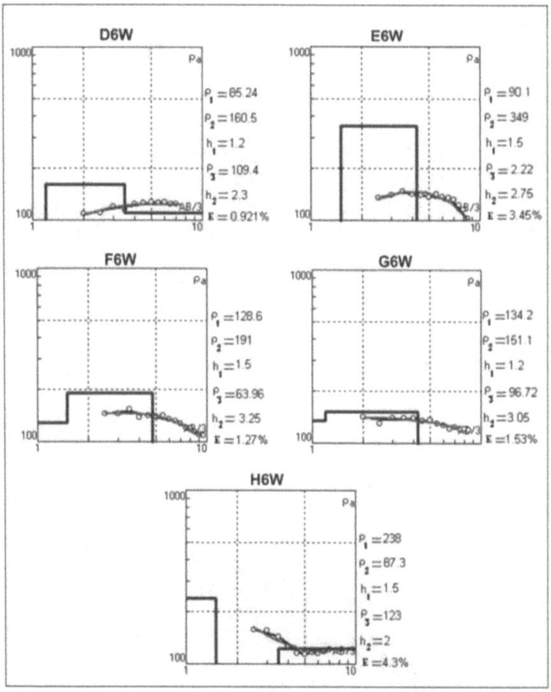

Rysunek2- 15. Krzywe sondowania według badania danych Wenner array na profilu 6 oraz informacje o oporności pozornej i grubości różnych warstw

Podsumowanie interpretacji w D6W, E6W, F6W, G6W i H6W zostało przedstawione w tabeli 2-4.

Tabela2- 4. Układ Wennera i wykrywanie strefy wnęki lub nasycenia

Punkt sondowania	**D6W**	**E6W**	**F6W**	**G6W**	**H6W**
Wykrywanie ubytków	×	×	×	×	×

Detekcja strefy nasycenia	×	✓	✓	×	×

Ostatnim profilem, w którym wykonywana jest operacja za pomocą macierzy Wenner, jest P7. Pięć punktów D7W, E7W, F7W, G7W i H7W wybranych na profilu do badania dźwiękowego.

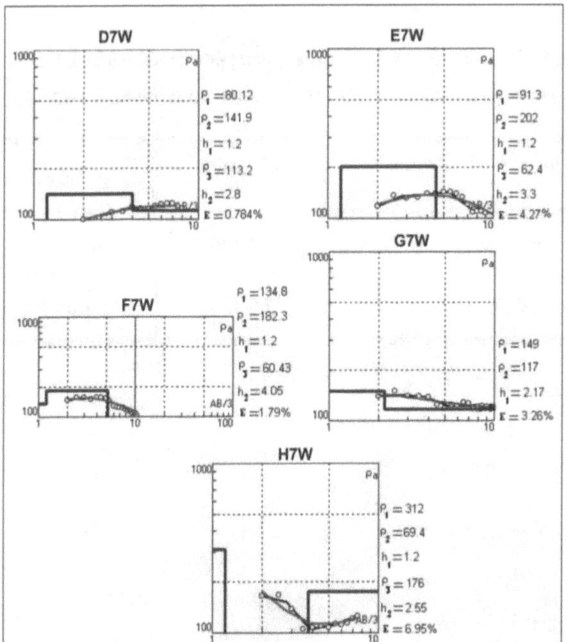

Rysunek2- 16. Krzywe sondowania według badania danych Wenner array na profilu 7 oraz informacje o oporności pozornej i grubości różnych warstw

Podsumowanie interpretacji w D7W, E7W, F7W, G7W i H7W zostało przedstawione w tabeli 2-4.

Tabela2- 5. Układ Wennera i wykrywanie zagłębień lub strefy nasycenia

Punkt sondowania	D7W	E7W	F7W	G7W	H7W

Wykrywanie ubytków	×	×	×	×	×
Detekcja strefy nasycenia	×	✓	✓	×	×

W tabeli 2-6 przedstawiono wyniki pomiarów sondażu elektrycznego w postaci konfiguracji Schlumberger i Wenner.

Tabela2- 6. Zakres oporności pozornej nienasyconej powierzchni aluwialnej jako pierwszej warstwy, jamy qanat jako drugiej warstwy i strefy nasycenia jako trzeciej warstwy

Widoczne OZE(Ω.m) Tablica	Pierwsza warstwa	Druga warstwa	Trzecia warstwa
Schlumberger	90-130	Ponad 140	Mniej niż 80
Wenner	85-135	Ponad 170	Mniej niż 70

2.6. Geoelektryczne przekroje poprzeczne ścieżki qanat

Dla każdego profilu przygotowane są dwa przekroje poprzeczne. Jeden przez firmę Schlumberger, a drugi z tablicą Wennera. Przekrój poprzeczny Sch3 na profilu 3 z wszystkimi punktami dźwiękowymi wykonanymi na tym profilu w konfiguracji Schlumbergera składa się z wszystkich pozornych danych o oporności D3, E3, F3, G3 i H3 w każdym pseudo przekroju. Przekroje Sch3 do Sch7 są przygotowane odpowiednio na profilu 3 do 7. Procedura ta została zaimplementowana dla danych dźwiękowych Wennera, jak również dla przekrojów od Wen3 do Wen7.

2.6.1. Przekrój poprzeczny profilu 3

W sekcji Sch3 występują poważne zmiany wartości oporności pozornej. Nie jest możliwe określenie określonej granicy dla oddzielenia różnych obszarów. Istnieje jednak obszar oporności pozornej o wartości około 100 omów metrów na głębokości 6 metrów poniżej stacji F3, na który wpływ ma strefa nasycenia dna kanału (Rysunek 2-17).

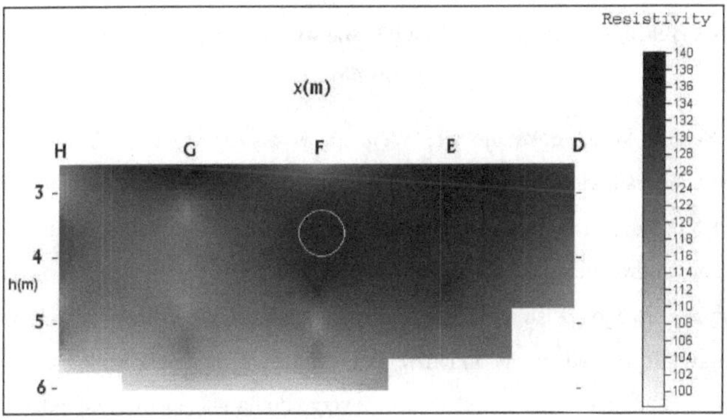

Rysunek2- 17. Przekrój poprzeczny Sch3 na P3 i położenie qanatu pod stacją F3

Istnieją 3 główne cechy w 2 wymiarowym przekroju Wen3. Z dokładnością ilościową wyznaczono granicę pomiędzy strefami oporną i przewodzącą prąd. Granice te pokazano na rysunku 2-18. Wyróżniają się trzy warstwy. Nachylenie warstw wynosi 10 stopni. Oporność pierwszej warstwy wynosi około 120 omów metrów, co nie jest w pełni obserwowane na tym poziomie. Druga warstwa jest widoczna z pozorną rezystywnością wynoszącą średnio 140 ommów metrów.

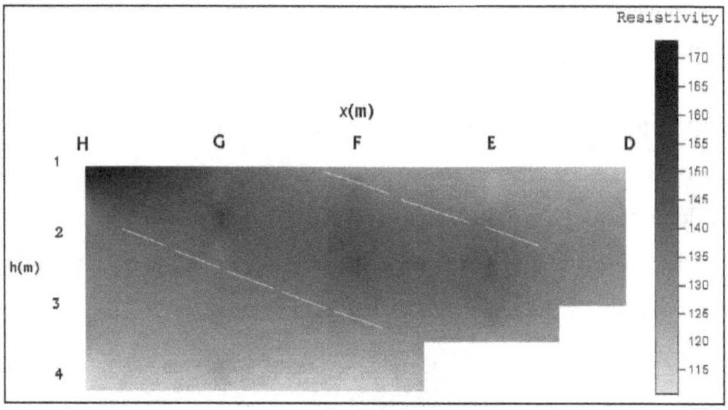

Rysunek2- 18. Przekrój poprzeczny Wen3 na P3 i warstwowa struktura podpowierzchniowa w tym profilu

Porównanie Sch3 i Wen3 pokazuje siłę Wennera w wyznaczaniu struktury w zauważalnie głośnych mediach (rysunki 2-17 i 2-18). Gwałtowne zmiany oporności pozornej na bardzo małych odległościach wskazują na intensywny hałas w regionie (sekcja Sch3). Ponieważ w układzie Schlumbergera, w odróżnieniu od układu Wennera, położenie czterech elektrod nie zmienia się w każdym odczycie, dlatego też istnienie niewielkiej strefy wysokich szumów powoduje, że niektóre dane są nieprawidłowo badane. W układzie Wanner'a położenie wszystkich czterech elektrod zmienia się przy każdym odczycie, dodatkowo ze względu na większy wzrost układu Wanner'a w porównaniu z układem Schlumberger'a pod względem odstępów między elektrodami, obecność tak małej glinianej soczewki powoduje, że pomiar danych jest znacznie mniej dokładny i obarczony dużym błędem.

2.6.2. Przekrój poprzeczny profilu 4

Sekcja Sch4 ma kilka cech.

1 głębokość od 1,5 do 2,5 metra pod stacją H ma wysoką oporność w porównaniu z innymi częściami.

2- W tej części, warstwa nachylenia jest wyraźnie określona. Nachylenie tej warstwy wynosi 10 stopni. Na głębokości 7 metrów pod stacją F znajduje się obszar o wysokiej przewodności, który jest unikalny w całym przekroju. Na powstanie takiego przewodzącego medium ma z pewnością wpływ strefa nasycenia koryta kanału (Rysunek 2-19).

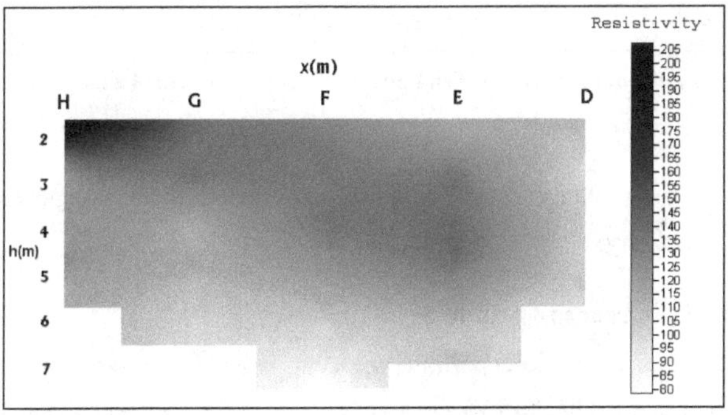

Rysunek 19. Przekrój poprzeczny Sch4 na P4

W sekcji 2D Wen4 można wyróżnić trzy warstwy o nachyleniu 10 stopni, a charakterystyka pierwszej i drugiej warstwy jest podobna do tej w sekcji Sch4. Trzecia warstwa ma strefę przewodzącą w części środkowej (odpowiada ona głębokości dolnej części kanału). Oporność tego odcinka wynosi ok. 95 omów metrów, co może być spowodowane jedynie obecnością strefy nasyconej na tej głębokości (rysunek 2-20).

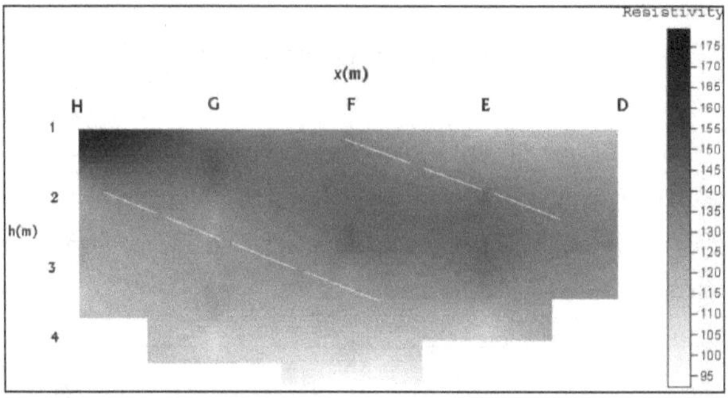

Rysunek2- 20. Przekrój poprzeczny Wen4 przygotowany na profilu 4 z danymi z tablicy Wennera

Zarówno Sch4 jak i Wen4 są do siebie bardzo podobne pod względem warstwowego rozgraniczenia struktury.

2.6.3. Przekrój poprzeczny profilu 5

W odcinku Sch5 zmiany oporności pozornej występują bez żadnego wzorca. Na głębokości od 1,5 do 2 metrów pod stacją H jest bardzo odporna. Na głębokości 2,5 metra pod punktem G znajduje się strefa przewodząca, która związana jest z błędem operatora. Najbardziej przewodzący ośrodek w tym regionie znajduje się na najniższej głębokości obserwowanej w punkcie F, który został rozszerzony do punktów E i G (Rys. 2-21).

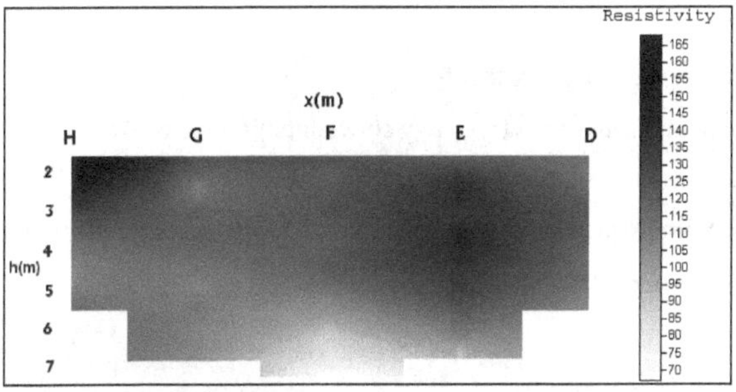

Rysunek2- 21. Przekrój poprzeczny Sch5 na P5

Dwuwymiarowy przekrój poprzeczny Wen5, na piątym odcinku, jest widoczny w trójwarstwowej strukturze. Pierwsza warstwa z pozorną rezystywnością 115 omów metra jest trójkątem po prawej i górnej stronie przekroju. Druga warstwa ma rezystywność pozorną 140 ommów metrów. Grubość tej warstwy wynosi około 2 metrów, a jej nachylenie wynosi 10 stopni. Trzecia warstwa jest przewodząca, która ma oporność pozorną około 110 omów metrów. Warstwa ta ma powierzchnię o oporności pozornej około 90 omów metrów. Obszar ten znajduje się na głębokości 5 metrów, co odpowiada dolnej części koryta kanału (Rys. 2-22).

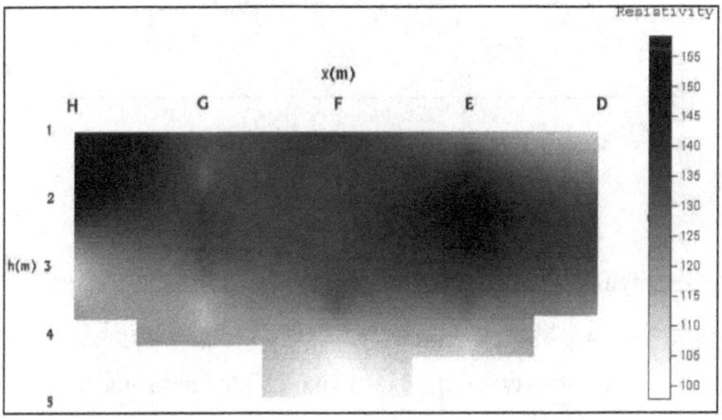

Rysunek2- 22. Przekrój poprzeczny Wen5 na P5

2.6.4. Przekrój poprzeczny profilu 6

W sekcji Sch6 najlepiej widoczne są warstwy aluwialne. Wyraźnie wyodrębnione są dwie odrębne strefy: strefa o wysokiej odporności i strefa przewodząca w dolnej. Pierwsza warstwa ma rezystywność 135 omów metrów i grubość 3,5 metra. Druga warstwa ma mniejszą rezystywność około 110 omów metrów (Rysunek 2-23).

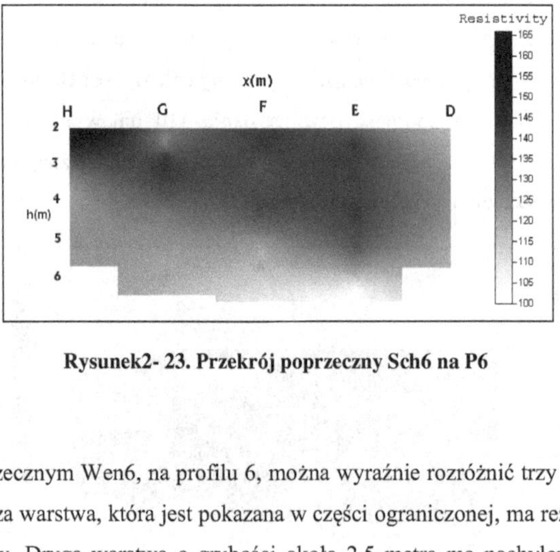

Rysunek2- 23. Przekrój poprzeczny Sch6 na P6

W przekroju poprzecznym Wen6, na profilu 6, można wyraźnie rozróżnić trzy warstwy o różnej oporności. Pierwsza warstwa, która jest pokazana w części ograniczonej, ma rezystywność około 115 omów metrów. Druga warstwa o grubości około 2,5 metra ma nachylenie 10 stopni. Na głębokości od 4,5 do 5 metrów rozpoznawalny jest obszar przewodzący od E do F. Poszerzenie wspomnianego obszaru przewodzącego w prawo od przekroju poprzecznego wskazuje na rozprzestrzenienie się przepływu wody na prawo od ścieżki qanat (Rysunek 2-24).

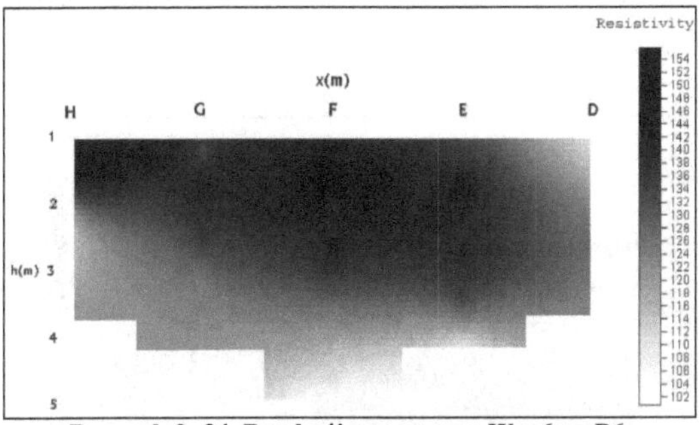

Rysunek 2- 24. Przekrój poprzeczny Wen6 na P6

2.6.5. Przekrój poprzeczny profilu 7

W sekcji Sch7 struktura warstwowa jest całkowicie charakterystyczna. Trzy warstwy, pierwsza warstwa o rezystywności 110 omów metrów, druga warstwa o rezystywności l 135 omów metrów i trzecia warstwa o rezystywności 110 omów metrów mogą być rozpoznawalne. Warstwy o nachyleniu 10 stopni są oczywiste. Obszar bardzo przewodzący prąd znajduje się na głębokości od 2,5 do 3,5 metra pod H, czego przyczyna nie jest znana (Rysunek 2-25).

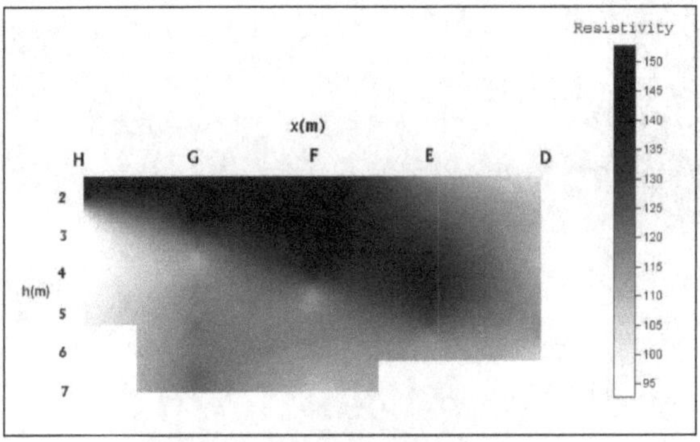

Rysunek2- 25. Przekrój poprzeczny Sch7 na P7

Na przekroju poprzecznym Wen7 można rozpoznać te dwie granice (Rysunek 2-26). Jest ona bardzo podobna do przekroju Sch7.

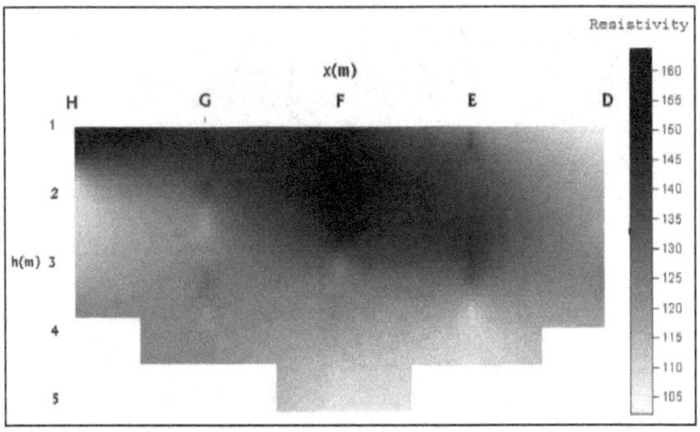

Rysunek 2-26- 26. Przekrój poprzeczny Wen7 na P7

Zdjęcie wykonane ze wschodniego marginesu Bulwaru Chamran w pobliżu Instytutu Geofizyki w Teheranie pokazuje warstwową strukturę regionu z niewielkim nachyleniem. Jak widać na rysunku 2-27, wymienione warstwy są wykonane z aluwium o niewyraźnych granicach.

Rysunek2- 27. Zdjęcie uzyskane ze wschodniego marginesu bulwaru Chamran, przedstawiające nachyloną strukturę warstwową

2.7. Konfiguracja Dipol-Dipol

W odróżnieniu od dwóch poprzednich tablic, tablica dipolowo-dipolowa jest badana w formie metody profilowania, a nie dźwięku. Tablica ta ma dwa parametry, jednym z nich jest odległość pomiędzy parami elektrod (n), a drugim odległość dwóch dipoli (a). Za odległość dwóch metrów uważa się odległość pomiędzy parą elektrod (jednym dipolem). Czułość urządzenia i położenie celu badania jest kryterium doboru odległości dipola. Czułość urządzenia, które zostało użyte w tym badaniu, wynosi około jednego metra.

Jeśli odległość jest mniejsza niż jeden metr, urządzenie nie może niczego zarejestrować. Ze względu na ograniczenie obszaru rozszerzalności macierzy, jeżeli odległość dipola wynosi 2 metry (maksymalna rozszerzalność macierzy wynosi około 34 metrów), maksymalna odległość pomiędzy dwoma parami elektrod wynosi 30 metrów (n = 15).
Zgodnie z tabelą 1-2, jeśli n=6 i a=2, głębokość badania wynosi 3,65 metra, a głębokość badania szacowana jest na około 6 metrów, jeśli n = 15 i a = 2.

Pierwszym profilem dla implementacji tej macierzy jest profil 3. Maksymalna długość tablicy rozłożonej na tym profilu wynosi 30 metrów, a więc maksymalna odległość pomiędzy parami elektrod wynosi 26 metrów (n=13). Ta wartość dla n jest odpowiednia do wykrycia anomalii na głębokości 4 do 5 metrów w jednorodnym polu o umiarkowanej rezystywności. Dane uzyskane z profilu 3 wprowadzonego do programu RES2DINV. W tym programie wprowadzone dane wytwarzają pseudo przekrój. Następnie pomiędzy poszczególnymi węzłami będą symulowane 2 do 4 danych. W ramach różnych procesów z nowo uzyskanymi danymi tworzona jest kolejna pseudo-sekcja. Ta pseudo-odcinkowa sekcja ma specyficzną cechę, która ma gładkie kontury (zamiast kolczastych lub kątowych konturów). Te 2 pseudokategorie na profilu 3 są przedstawione na rysunku 2-28. Profil 3 przecina środek kanału na wysokości 4 metrów poniżej siebie. W odległości od 13 do 17 metrów od początku tablicy dipolowo-dipolowej znajduje się strefa wysokiego oporu, której badania rozpoczynają się od lewej strony ścieżki qanat; środek jamy kanału znajduje się 15 metrów od punktu początkowego tablicy. Drugi pseudokształtny wynik obliczeń przy pomocy programu RES2DINV wskazuje na podobną anomalię rezystancyjną w tym samym miejscu. Nie da się określić dokładnej głębokości tych 2 pseudo przekrojów. Dlatego konieczne jest przygotowanie przekroju 2D. Strefa wysokiej rezystancji rozciąga się od położenia kanału od początku macierzy (15 metrów) do prawej strony ścieżki qanat, która jest pokazana w tym odcinku. Jak wspomniano wcześniej w 2 tablicach Schlumberger'a i Wenner'a media aluwialne w tym profilu są tak niejednorodne. Wynik sekcji 2D RES2DINV pokazuje ten sam wynik w tym profilu. Wyznaczenie wysokiej anomalii opornościowej pod względem głębokości w układzie dipol-dipol jest bardzo trudne. Oczywiste jest jednak, że istnieje wysoka anomalia opornościowa w obu pseudokształtownikach pod względem wydłużenia bocznego, kształtownik 2D jest całkowicie bezużyteczny w tym wydaniu.

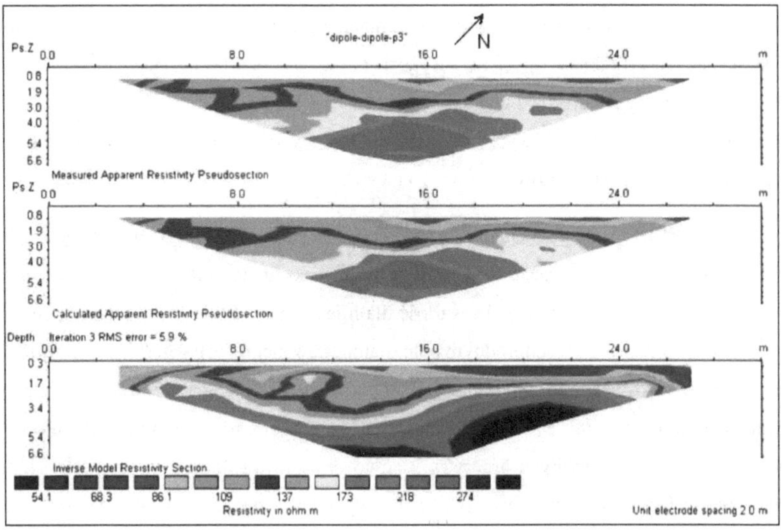

Rysunek2- 28. Dwie sekcje pseudo i sekcja 2D tablicy Dipole-Dipole na profilu3

To samo badanie profilowania w formie matrycy Dipole-Dipole zostało przeprowadzone na profilach 4, 5, 6 i 7.

Maksymalne wydłużenie tej tablicy na profilu 4 wynosi 34 metry. Pseudo przekroje wskazują strefę o dużej rezystancji pomiędzy 16 a 20 metrów od początku punktu początkowego (lewa strona tablicy). Dokładna pozycja zagłębienia kanałowego w profilu 3 wynosi od 16,5 do 17,5 od punktu startu. Obliczony pseudo przekrój ma dokładniejsze modelowanie jamy, niż pseudo przekrój oparty na zmierzonych danych. Ponieważ, jak pokazano na rys. 2-29, obliczony pseudoczęściowy przekrój ma anomalię o wąskim rozszerzeniu niż pierwszy (zmierzony pseudoczęściowy przekrój). Głębokość strefy dużej oporności spowodowanej ubytkiem kanału, jak pokazano na rysunku 2-29, wynosi około 6,6 metra. Dokładna miara głębokości kanału w profilu 4 wynosi około 4,3 metra (rysunek 2-29).

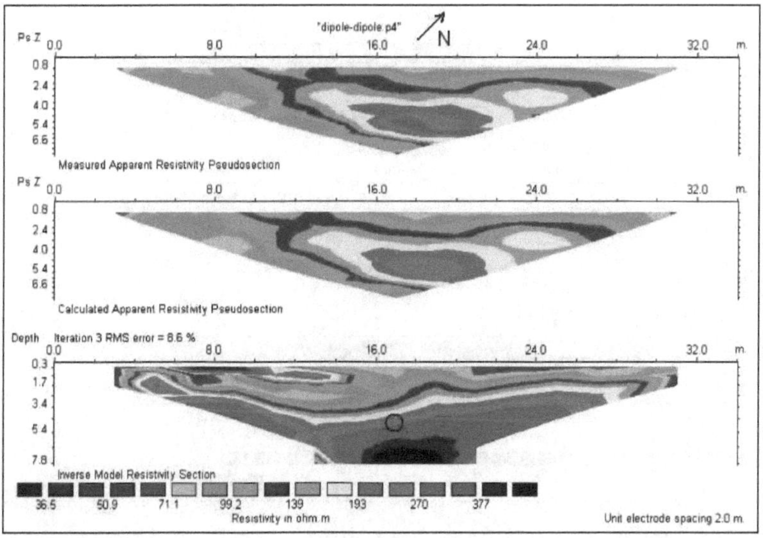

Rysunek 2- 29. Dwa pseudo przekroje i przekrój 2D tablicy Dipole-Dipole na profilu 4; dokładna głębokość jamy kanału jest pokazana w przekroju 2D.

Maksymalne wydłużenie tej tablicy na profilu 4 wynosi 34 metry. Pseudo przekroje wskazują strefę o dużej rezystancji pomiędzy 14 a 22 metrami od początku punktu startu (rysunek 2-30). Rozszerzenie anomalii z powodu pustki (wypełnionej powietrzem) jest większe niż odpowiadające jej wykrycie w pseudokresach profilu 4. Głębokość strefy wysokiej rezystancji spowodowanej ubytkiem w kanale, jak pokazano na przekroju 2D, wynosi około 6,6 metra. Dokładna miara głębokości kanału w profilu 5 wynosi około 4 metrów (rysunek 2-30). Przedłużenie wysokooporowej anomalii jest prawdopodobnie związane z kruszeniem się wschodniej strony ściany qanat.

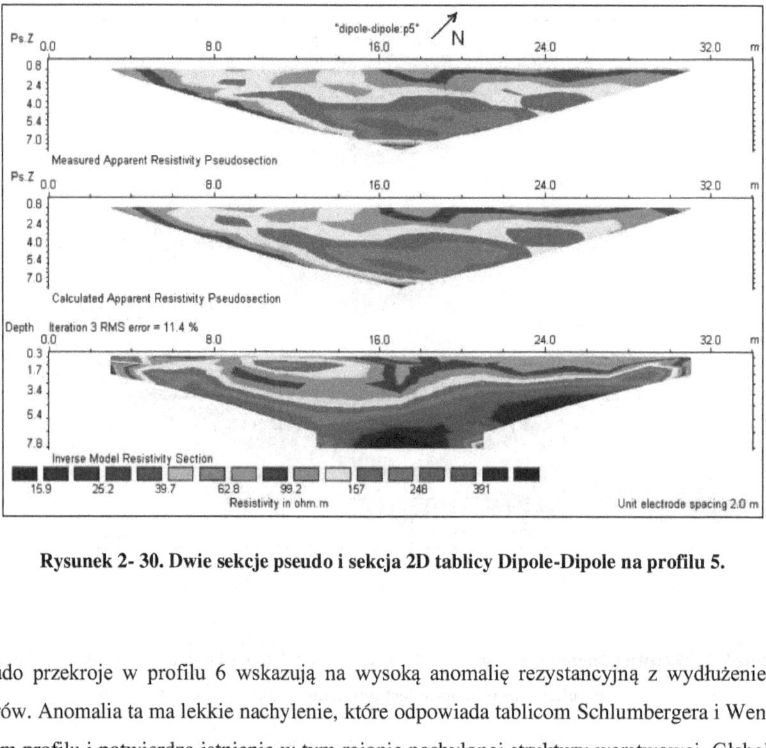

Rysunek 2- 30. Dwie sekcje pseudo i sekcja 2D tablicy Dipole-Dipole na profilu 5.

Pseudo przekroje w profilu 6 wskazują na wysoką anomalię rezystancyjną z wydłużeniem 5 metrów. Anomalia ta ma lekkie nachylenie, które odpowiada tablicom Schlumbergera i Wennera w tym profilu i potwierdza istnienie w tym rejonie nachylonej struktury warstwowej. Głębokość strefy wysokiej oporności wynikającej z zagłębienia kanału, jak pokazano na przekroju 2D, wynosi około 7 metrów (rysunek 2-31).

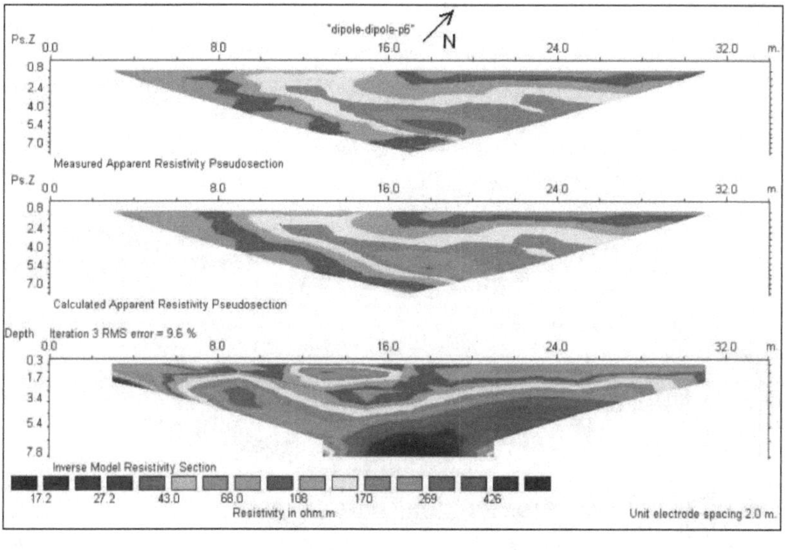

Rysunek2- 31. Dwie sekcje pseudo i sekcja 2D tablicy Dipole-Dipole na profilu 6.

Ostatnie badanie profilowania przeprowadzone na profilu 7. Wynik tej operacji profilowania nie jest zgodny z oczekiwaniami. Pseudo przekrój w wyniku badania jest całkowicie zaburzony (rys. 2-32).

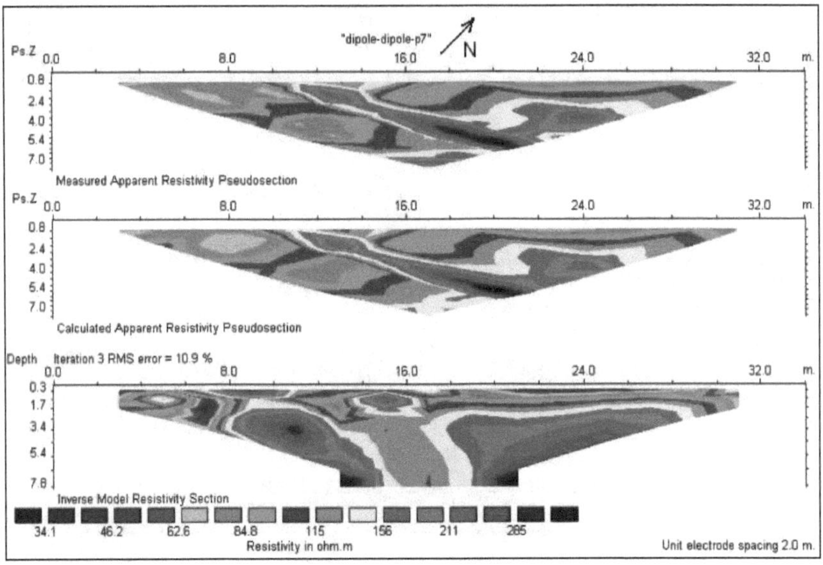

Rysunek2- 32. Dwie sekcje pseudo i sekcja 2D tablicy Dipole-Dipole na profilu 7.

Wysoce oporna anomalia o nachylonym kierunku pojawia się w dwóch pseudo odcinkach. Warunek ten jest spowodowany błędem, który wystąpił podczas wykonywania badania profilowania. Gdy jedna z elektrod nie ma dobrego kontaktu z ziemią, niektóre dane wskazują na wysoką rezystywność (Rysunek 2-33). Ponieważ ta luźna elektroda znajduje się na początku operacji i w pobliżu punktu początkowego, więc niektóre z ważnych danych zostały naruszone i anomalie kanału pustego jest całkowicie zniszczone.

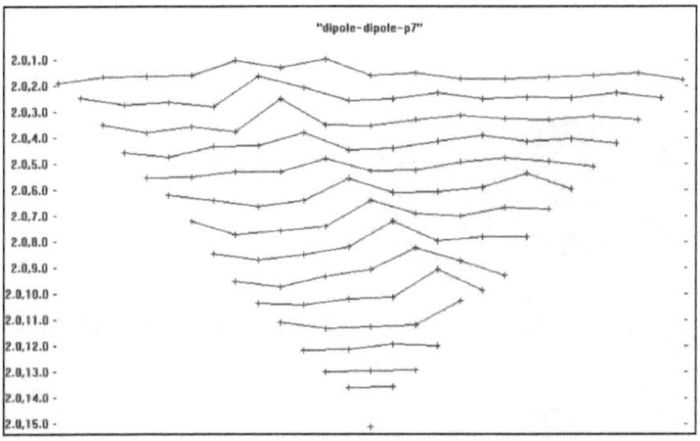

Rysunek2- 33. Dane, które nie zostały prawidłowo zmierzone ze względu na nadmierny wzrost oporności i niejednorodność atrybutów mediów w profilu 7

2.8. Zestawienie wspólnych tablic

2.8.1. połączenie firmy Schlumberger i Wenner

Dwuwymiarowa sekcja Schlumbergera (a), dwuwymiarowa sekcja Wanner (b) oraz połączenie tych dwóch sekcji (c) wszystkie przeprowadzone na danych z profilu 4 są przedstawione na rysunku 2-34. Jak wcześniej stwierdzono, żadna z tablic Schlumbergera i Wennera nie jest w stanie wykryć zagłębienia kanału. Oczywiste jest, że kombinacja tych dwóch tablic nie jest w stanie zidentyfikować zagłębienia w kanale, ale obszar strefy nasyconej w dwuwymiarowej części połączonych danych jest lepiej widoczny.

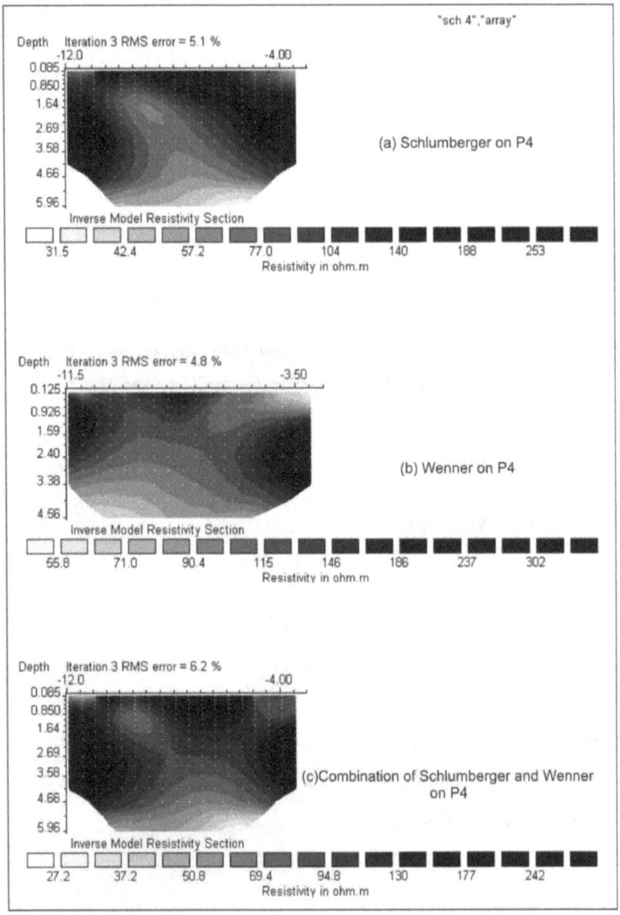

Rysunek 2- 34. Kombinacja danych uzyskanych od firmy Schlumberger i Wenner może wykryć strefę nasycenia lepiej niż każda z dwóch tablic osobno, ale nie jest w stanie rozpoznać jamy kanału.

2.8.2. Połączenie firmy Schlumberger i Dipole-Dipole

Dwuwymiarowa sekcja Schlumbergera (a), dwuwymiarowa sekcja Dipole-Dipole (b) oraz połączenie tych dwóch sekcji (c) wszystkie przeprowadzone na danych z profilu 4 są pokazane na rysunku 2-35. Tablica Dipole-Dipole może zidentyfikować zagłębienie w kanale, ale kombinacja tych dwóch tablic nie jest w stanie wykryć zagłębienia w kanale.

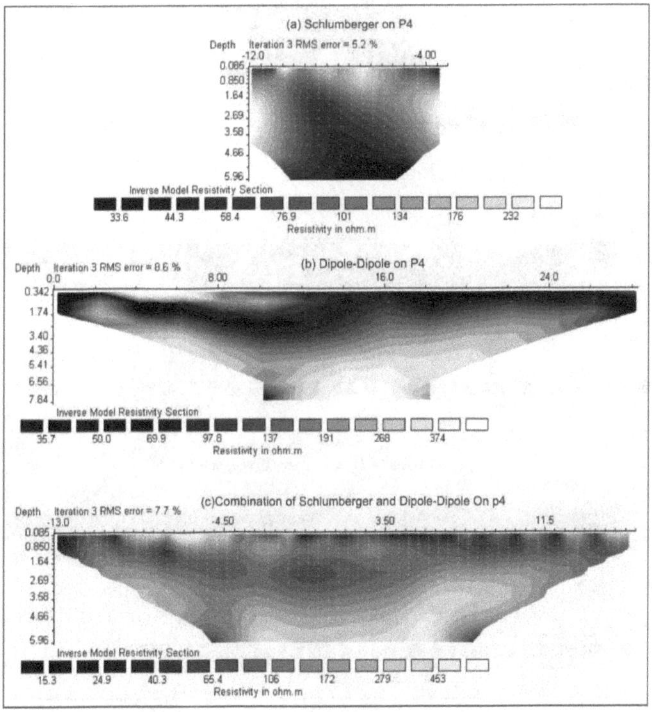

Rysunek2- 35. Kombinacja dwóch tablic niezdolnych do wykrycia jamy kanalikowej w porównaniu z tablicą Dipole-Dipole

2.8.3. Połączenie firmy Schlumberger i Dipole-Dipole

Dwuwymiarowa sekcja Wennera (a), dwuwymiarowa sekcja Dipole-Dipole (b) oraz połączenie tych dwóch sekcji (c) wszystkie przeprowadzone na danych z profilu 4 są pokazane na rysunku 2-36. Tablica Dipole-Dipole może zidentyfikować zagłębienie w kanale, ale kombinacja tych dwóch tablic nie jest w stanie wykryć zagłębienia w kanale.

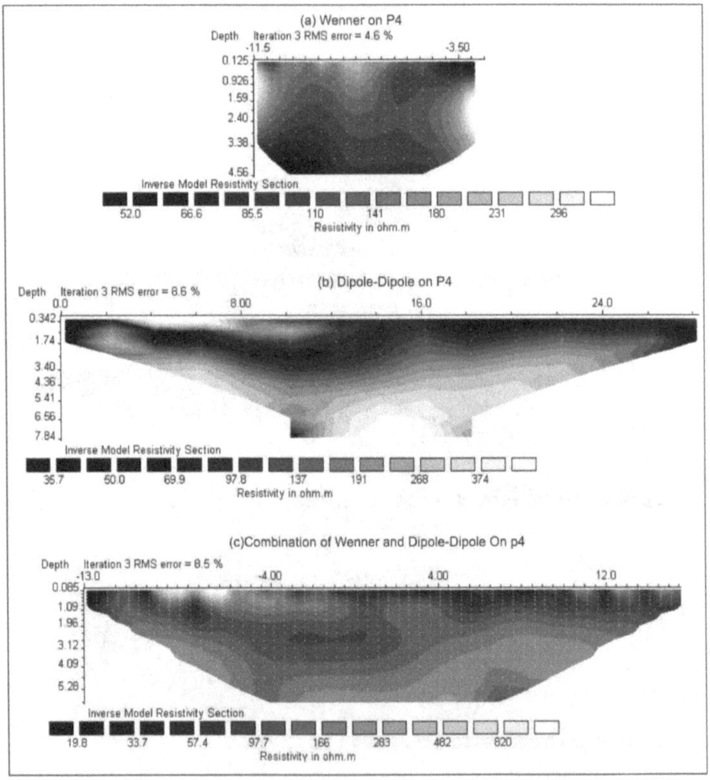

Rysunek2- 36. Kombinacja dwóch tablic niezdolnych do wykrycia jamy kanalikowej w porównaniu z tablicą Dipole-Dipole

Wniosek

Aby uzyskać lepszy wynik, na ścieżce przebiegu kanału przeprowadzane jest badanie sondażowe za pomocą matrycy Schlumbergera o nieprostopadłym kierunku. Kierunek tego profilu jest północ-południe i ma największą rozszerzalność. Centrum matrycy znajduje się na ścieżce kanału. W tym miejscu głębokość kanału wynosi około 3,5 metra. Dane o oporności właściwej uzyskane na krzywej sondowania 1D pokazują model trójwarstwowy (Rysunek 2-37). Pierwsza warstwa ma grubość 3 metrów.

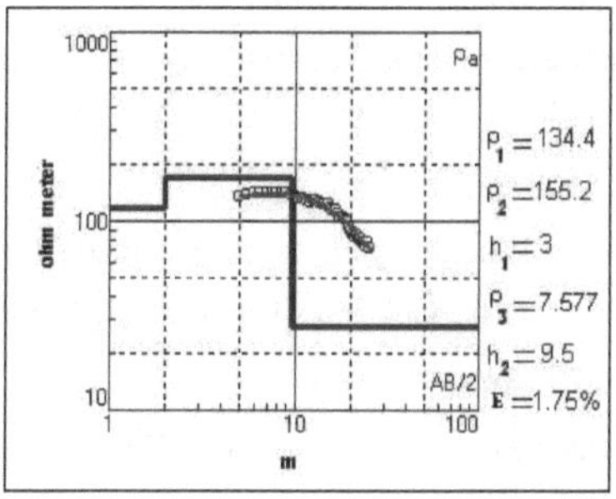

Rysunek2- 37. Krzywa sondowania północ-południe uzyskana z profilu o nieprostopadłym kierunku na ścieżce kanału i informacji o warstwach

Grubość ta (3 metry) jest prawie równa grubości gleby aluwialnej na szczycie kanału. Grubość drugiej warstwy wynosi około 5,9 metra, przy czym oporność jest wyższa niż pierwszej warstwy. Oporność trzeciej warstwy jest bardzo niska i wynosi około 7 omów metrów. Chociaż jest oczywiste, że tablice Schlumbergera i Wennera są tak wrażliwe na odmianę oporności w ścieżce pionowej, to żaden z wcześniejszych dźwięków o krótkiej długości wydłużenia nie jest w stanie wykryć grubości podłoża aluwialnego na szczycie kanału. Im dłuższa jest długość matrycy, tym większa jest dokładność uzyskiwanych informacji. Jak zaobserwowano w badaniach sondowania elektrycznego, pionowe zmiany oporności pozornej są dobrze rozpoznawane. Za pomocą pomiarów sondażowych można zidentyfikować dwa rozmyte środowiska (w tym strefy nienasycone i nasycone). Identyfikacja zagłębienia nie jest jednak możliwa ze względu na ograniczone powiększenie obszaru dla maksymalnej długości matrycy. Gdyby kanał znajdował się w niższej części, uzyskano by lepsze wyniki.

Oprócz zidentyfikowania dwóch środowisk rozmytych (nasyconego i nienasyconego), określono również warstwową strukturę regionu. Jak już powiedziano, nachylenie warstw wynosi około 10 stopni.

Zestaw Wenner jest bardziej zdolny do rozpoznania nachylonej struktury warstwowej niż Schlumberger. Ponieważ im więcej elektrod się porusza, tym większą reprezentatywność uzyskują dane.

Jak stwierdzono na wykresach sondażowych, znaczne obniżenie wartości oporności pozornej występuje na głębokości strefy nasyconej złoża kanałowego. Woda z qanatu składa się z soli wyższych niż woda miejska, jak pokazano poniżej:

sól w wodzie qanat : (Cl^- : ppm 80 ، SO_4^{-2} : ppm 145 ، $CaCO_3$: 286 - 355 ppm)

I sól w miejskiej wodzie:

sól w wodzie miejskiej : (Cl^- : ppm 20 ، SO_4^{-2} : ppm 42 ، $CaCO_3$: 187 - 180 ppm)

Chociaż w wodzie qanat jest więcej soli niż w wodzie miejskiej, nie może ona zmniejszyć pozornej oporności jako niższy poziom koryta kanału, który ma znacznie więcej soli w strefie nasyconej.

Najlepszym układem do identyfikacji bocznej odmiany oporności elektrycznej jednej jamy jest Dipole-Dipole.

Ta tablica nie jest w stanie określić głębokości ubytku. Jeśli qanat byłby suchy, a na dnie kanału nie tworzy się strefa nasycona wodą, przepływy elektryczne zgodnie z ich odległością od elektrody przechodzą przez oczekiwane podpowierzchniowe położenie mediów i mierzona jest różnica potencjałów. Dlatego też w tym jednorodnym medium wysoka rezystywność jamy z jest łatwo wykrywalna. Ale w prawdziwym przypadku, że qanat ma wodę i tworzy strefę nasycenia na podłodze kanału, więc jest to zupełnie inny niż suche qanat. Prądy elektryczne przechodzą przez strefę nasycenia o niskiej rezystywności, która znajduje się na mniejszych głębokościach (ze względu na ograniczenie obszaru badań do wydłużenia maksymalnej długości szyny), więc prąd nie przechodzi przez nią w oczekiwanych punktach na głębokiej głębokości poniżej strefy nasycenia. Ponieważ strefa nasycenia kanału znajduje się tuż poniżej dna kanału, informacja o rezystywności głębszych mediów nie jest możliwa do uzyskania.

Układ Dipole-Dipole ma ograniczoną penetrację w kierunku pionowym i charakteryzuje się dużą różnicą w bocznym zróżnicowaniu oporności. Anomalie zaobserwowane w odcinkach tej macierzy są wydłużone do prawej strony kanału. Jest więc prawdopodobne, że ściana qanatu ulegnie zawaleniu (szczególnie wschodnia). Spośród 5 profili, operacja wykonana na profilu 4 dała najlepszą odpowiedź. Choć analiza głębokości anomalii w pseudo-sektorach nie może mieć sensu, to z pewnością jest przydatna przy określaniu powierzchniowej lokalizacji anomalii.

Nie jest konieczne przeprowadzanie wszystkich sondaży w nieznanym nośniku o dużej liczbie odczytów. Wystarczy wykonać kilka sondaży z dużą liczbą odczytów, a następnie wykorzystując uzyskane z nich parametry, takie jak grubość warstw, dostosować długość innych odstępów elektrod właściwych do odczytu danych o określonej pozycji na głębokości, aby prąd elektryczny przepłynął przez te pozycje jak granice warstw. W ten sposób uniemożliwiono zmniejszenie odczytu i wysłanie zbyt dużego prądu elektrycznego w jednorodnych mediach. Jest to bardzo ważne przy długich badaniach sondażowych, ponieważ mniejsze przesyłanie prądu elektrycznego do mediów spowoduje mniejszą polaryzację jednorodnych mediów i lepszy wynik.

Referencje

1) Andersen, K. E. Brook, S.P. Hansen, M.B (2003): "Bayesowskie odwrócenie danych o oporności geoelektrycznej" J.R. Statistic. Soc. Part 3. str. 619-642.

2) Loke, M.H.(1999): " Electrical imaging survey for environmental and engineering studies" , WWW. Abem. Se.

3) Shevnin, V. Delgado- Rodriguez, O. Mousatov, A. Nakamura- Labastida, E. i Mejia- Aguilar, A. (2003): "Oil pollution detection using resistivity soundiay" , Geofisica international, vol. 42, num. 4. str. 6B- 622.

4) Szkoła, M.V. (2002): "Detection of sinkhoholes using 2D electrical resistivity imaging", Journal of Applied Geophysics, pp.393-399.

5) Zhou, w. Beck, B.F. Adams, A.l.(2002): "Effective electrode array in mapping krast hazards in electrical resistivity tomography", Environment Geology, pp.922-928.

6) Zhou, w. Beck, B.F. Stephenson, J.B.(1999): "Niezawodność dipolowo-dipolowej tomografii oporności elektrycznej do określania głębokości do skały macierzystej w krytych obszarach krasowych", Environment Geology, str. 760-766.

7) WWW.geop.ubc.ca/ubcgif/tutoriale

8) WWW.qanat.info

9) Alexei A. Bobachev, Igor.N.Modin, Vadimir A. Shevirmin GeoSCAN - Mltd.IPIZ WinV.2.1, Instrukcja obsługi (2001), Tłumaczenie danych dźwiękowych, str. 16

10) Griffiths and Barker (lipiec 2001) "Geoelektryczny system obrazowania 2-D i 3-D" Oprogramowanie Geotomo

11) Anatja Samouëlian, Isabelle Cousin, Alain Tabbagh, Ary Bruand, Guy Richard. (2006). "Badanie oporności elektrycznej w gleboznawstwie: przegląd"